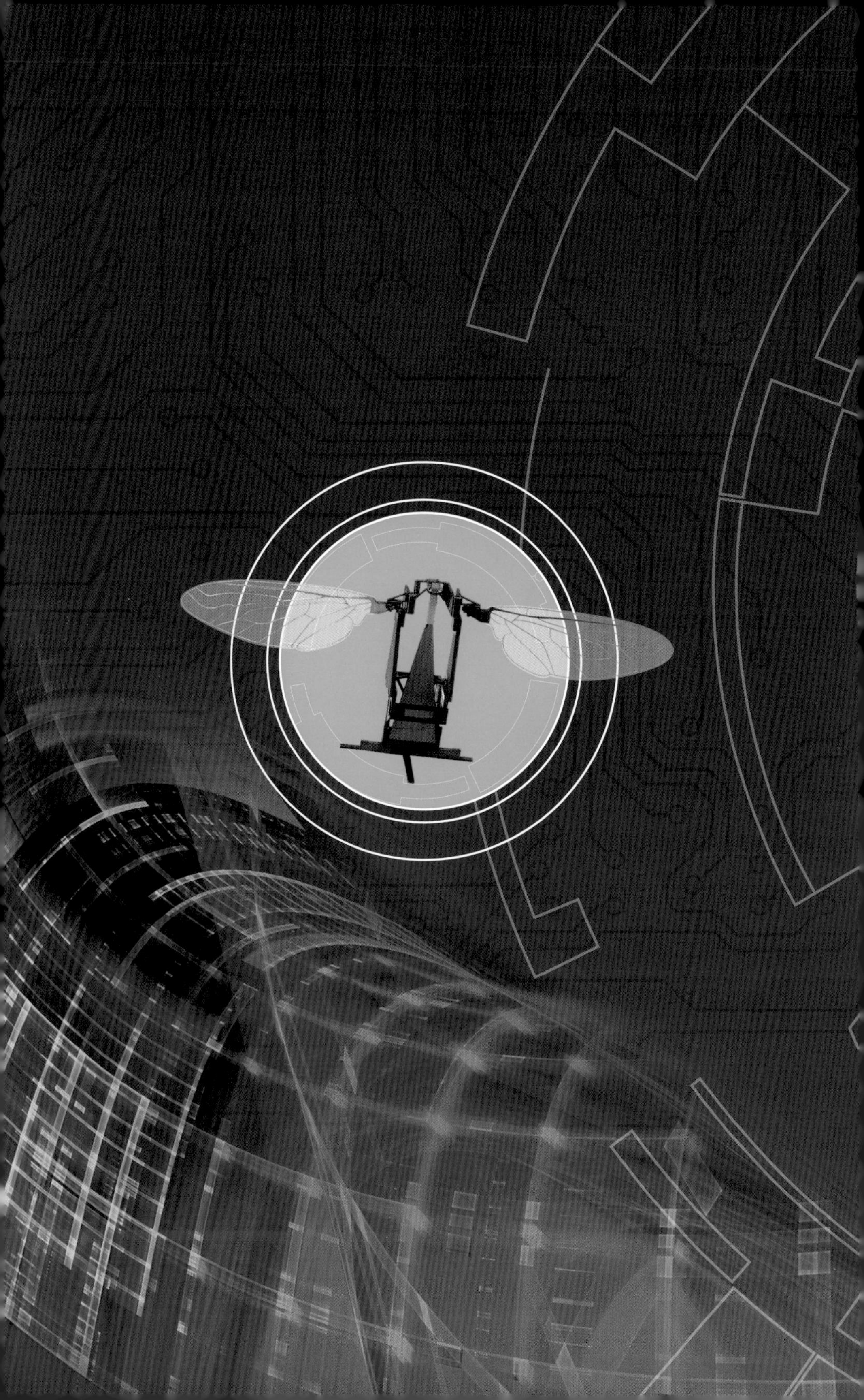

EXPLORER ACADEMY

探险家学院

未来科技

虚构故事背后的真实科学

美国国家地理学会 [美] 杰米 · 基弗尔 – 阿尔彻 编著
曲少羽 张 晗 译

青岛出版集团 | 青岛出版社

未来科技

目录

第四章
革命性技术

第三章
日常科技

导言

「探险故事背后的神奇科技」

根据心情变换颜色和形状的眼镜，由思维控制图案的衣服，还有蜜蜂无人机……这些都真的存在吗？不久的将来，在探险家学院这个精英学校里，上述一切都会变成现实！12岁的克鲁兹·科罗纳多和其他新生一起在这里接受训练，成为引领世界的新一代科学家和探险家。同时，他们还会执行一些激动人心的任务，如发掘失落的古城，和队友一起解救被渔网缠绕的露脊鲸群，利用相机陷阱抓捕偷猎者！除此之外，克鲁兹还将踏上一段惊心动魄的寻宝之旅——他将会前往世界的各个角落，寻找他妈妈生前留下的石片！等集齐八块石片，克鲁兹妈妈生前研制的能使细胞再生的血清配方就会重见天日，造福人类！但是，寻宝之路并非一帆风顺，克鲁兹需要时刻小心一个邪恶的神秘组织——涅布拉。他们必然会不择手段地摧毁这个配方，那样寻宝之路也会变得危机重重……

幸运的是，克鲁兹和朋友们在探险过程中有最先进的科技保驾护航，并且，这些科技产品都是由探险家学院最顶尖的科学家或学生发明的！

怎么样，你准备好了吗？如果准备好了的话，就带上你心中的那个小小探险家一起出发吧！你将成为探险家学院的一员，试戴读心头盔，观看全息影像，进入计算机动画虚拟体验中心（“洞穴”），与克鲁兹一起踏上奇妙的科技之旅！本书将为你揭开这些尖端科技的神秘面纱。实际上，这些灵感都来自现实中科学家的亲身经历，而他们中的许多人也是美国国家地理学会的探险家。未来已至，像“魅儿”一样的蜜蜂无人机、可以根治疾病的血清配方、未知的潜水发现……无尽的奥秘正等着你去探索与发现！探险家学院的大门已经缓缓开启，明日的科技之光正照耀在你的眼前！

欢迎来到探险家学院——一场未来科技的饕餮盛宴！

第一章

可穿戴技术

在探险家学院，大家所穿的制服轻薄透气且富有弹性。制服的布料可根据体形收缩，紧贴皮肤且十分舒适。用这种布料制成的服装还能防虫。另外，探险家学院中的每个人都会佩戴一条特殊的手环，它能时刻监控佩戴者的生命体征，一旦发现有人受伤，手环就会立即通知医生。

可穿戴技术简直无处不在，而且日新月异。下面，我们将为你介绍一些探险家学院里令人激动的可穿戴技术，让它们与现实生活中的发明一较高下。可穿戴技术之旅即将开始！

特殊的潜水头盔使得水下呼吸成为可能

第一章 可穿戴技术

心率监测手环

——生物同步手环

在探险家学院中的应用

你来学院报到时，宿舍管理员泰琳·瑟克利夫让你伸出左手，然后啪的一下把一条金色的手环套到你的手腕上。这种闪闪发光的手环可以自动调节以适应你手腕的粗细。泰琳说这叫“OS 手环”或“生物同步手环”，不过大部分探险家都叫它“芝麻开门手环”。这条手环就像一把数码钥匙，它能通过心跳识别你的身份，解开探险家学院总部和“猎户座号”上的大部分门禁。另外，这条奇妙的手环还可以监控你的生命体征、脑部功能、免疫系统、生长模式、体能活动和热量状况，当然了，它还可以显示时间。

在探险家学院就读期间，你一定要像克鲁兹那样好好利用 OS 手环。在《探险家学院》第三部《双螺旋》中，克鲁兹被困在了土耳其阿克萨赖边界的一个石坑底部，那里到处是阴森的白骨，并且四周一片漆黑。他伤痕累累，饥肠辘辘，身边既没有平板电脑，也没有手机。就在绝望之际，克鲁兹身边突然响起了伴着杂音的说话声——是 OS 手环！克鲁兹差点儿忘了手环还有通话功能！

在现实生活中的应用

尽管目前还没有一种手环像 OS 手环那样集诸多功能于一体，但科学家已研发出了具有通话、记录健康状况和医疗功能的智能手环。

癫痫报警手环

一旦发现患者身体出现疑似癫痫发作的信号，这种智能手环就会立即通知其家人、朋友或护理人员，它甚至可以自动发送患者的 GPS 定位，以便他人能迅速找到患者。该智能手环的工作原理是通过多种传感器监测患者的脉搏、运动状况、体温和皮肤电传导的变化。此外，该手环还具有良好的防水性，洗澡时也可佩戴！

身份识别手环

这种手环可以通过监测你的心率，来确认你的身份。佩戴手环时，你只需将手指按在顶部的电极上，手环就可以捕捉心脏通过脉搏发出的微小电流脉冲，识别心电图波形，生成独一无二的数字身份凭证。与此同时，该手环又会通过蓝牙技术将这份数字身份凭证发送到与之配对的各种设备上，因此，你只需轻轻晃动一下手腕，即可瞬间解锁电子设备、汽车和门禁。

指尖心电图仪

在医院，做心电图检查往往需要先在皮肤上涂抹黏糊糊的凝胶，以增加心电贴的导电性，然后将叫作“导联”的东西贴上传感器。但是，指尖心电图仪完全不同于传统的心电检测设备，虽然它只有一片口香糖大小，却能帮助用户随时随地获取医疗级的六导联心电图服务！你只需将它放在腿上，双手握住其两端，它的 3 个电极就可迅速完成读数。这款便携式心电图仪可帮助患者随时排查心律异常，方便及时就医。

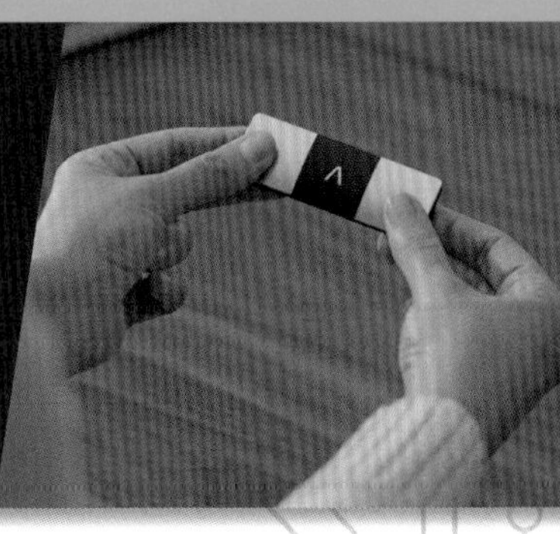

第一章 可穿戴技术

热致变色材料
——心情眼镜

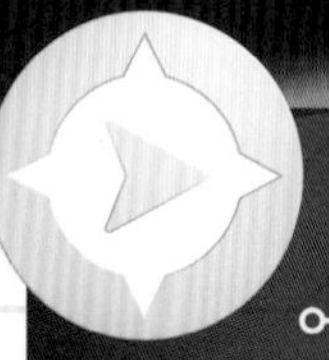

在探险家学院中的应用

想象一下，此刻你正坐在探险家学院的餐厅里，刚叉起一块儿草莓奶油华夫饼，突然听到有人说今天的考古学课上会有个小测验。天哪，你忘记复习了！你紧张极了，脉搏开始加速。这时，你戴的眼镜开始改变颜色和形状，从绿色的圆形镜框变成了黑白条纹的梯形镜框。这听起来是不是很神奇？这是因为你戴的是一副心情眼镜，它可以根据你的情绪变化来变换颜色和形状。

在《探险家学院》第一部《涅布拉的秘密》中，克鲁兹的室友卢亚米向他解释了心情眼镜的工作原理。亚米将几个神经递质纳米处理器注入自己的血液中，这种眼镜可以通过这些纳米处理器，获取他体内多巴胺、5-羟色胺和去甲肾上腺素等神经递质的水平。由于神经递质会随着情绪变化而变化，因此眼镜会根据亚米的感觉接受颜色和形状改变的信息。

那么，这副神奇的心情眼镜究竟是怎么做出来的呢？这可离不开 4D 打印机的功劳。4D 比 3D 多出来的“D”指的是时间维度。4D 材料在遇水、受热或其他特定条件下会自动变形，而亚米是用体内的神经递质水平的变化触发镜框变形的。

“心情眼镜”可行性评估表

在现实生活中的应用

其实，类似于亚米所使用的这种微型传感器早已问世。对于患有神经系统疾病的人，医生可通过植入其体内的微型传感器，来实现对患者神经递质水平的监测。虽然目前还没有眼镜可以像心情眼镜那样，根据大脑的脉冲变化来改变颜色和形状，但是我们已经研发出了可以自动变色的材料，它们无须与大脑信号同步，只需改变其温度即可触发变色。这种材料被称为“热致变色材料”，只需短短几秒钟，它们就能变得五颜六色！

晶体与变色原理

热致变色材料诞生于20世纪60年代。这些热致变色材料以几种不同的方式工作。有些材料包含数十亿个微囊，在不同的温度下，微囊内液晶的排列方式也不同，从而呈现不同的颜色。

隐色染料

还有一种热致变色材料被称为“隐色染料”。当外界环境中的光照强度、温度或pH值（酸碱度）发生变化时，材料内部分子的结构就会发生相应的变化，使其变色。

适用于多种场合的变形眼镜

美国国家地理学会的探险家斯凯拉·蒂比茨研发了一种变形眼镜，它与亚米的心情眼镜非常相似。“这样一来，你有一副眼镜就够了，戴着它，你既可以去参加派对，也可以参加较正式的商务会议，不同的镜框形状可以满足你的不同需求。”蒂比茨说。

变色前

变色后

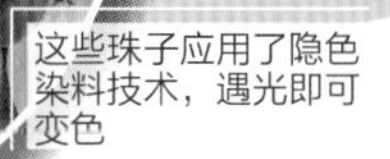
这些珠子应用了隐色染料技术，遇光即可变色

春去秋来，色彩飞扬
——热致变色材料的进化之路

20世纪70年代

心情戒指

这些戒指原本是黑色的，但戴上之后它们会逐渐变色。戒指的制造者称，这是由于戒指可以识别不同的心情。但实际上，这些颜色是由于液晶对体温产生反应而形成的。

20世纪80年代

可触摸变色以验真伪的法律文件

那张百万美元的支票是真的吗？你只需将它放在指间，便可知它的真假。真的支票采用了热感应纸，遇热就会显现出一个难以复制的印记。

20世纪90年代

超色T恤衫

这种T恤衫起初是单色的，但人们穿上它以后，它就会随着体温而改变颜色。这种T恤衫采用了隐色染料技术。美中不足的是，由于人体腋下的温度较高，因此那里的颜色也会更亮。

21世纪初

紫外线感温感光变色指甲油

这种指甲油既含有热致变色染料，又含有光致变色粉末。因此，它遇热可变成一种颜色，遇到阳光中的紫外线又可以变成另一种颜色。

21世纪初

变色车漆

这种车漆可随温度的变化而变色。如果涅布拉拥有涂着这种车漆的汽车，他们就可以进行快速伪装了——他们只需向车身泼上一桶冷水，红车就会变成黑车！

可作为水温警示器的变色管道

当流经这种管道的水温升高时，管道就会自动变色，这种变化可以警示工人。

现在

预防紫外线的临时文身贴

过量的紫外线辐射可引起皮肤癌。美国国家地理学会的探险家斯凯拉·蒂比茨创办了一家公司，研究可以保护皮肤的临时文身贴。当有过量的紫外线照射时，这种文身贴上的小圆圈和条形图案就会变成粉红色，提示紫外线较强，人们需要防护。

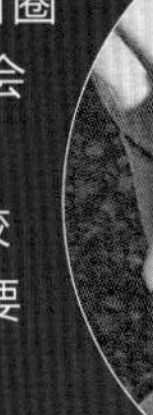

未来

变色房屋涂料

天气炎热时，使用这种涂料的房屋会变成白色，更加凉爽、节能！

军用迷彩

科学家正在研究一种特殊的液晶，利用这种液晶制作的衣物可感知细微的温度变化，并进而改变颜色。有了它，士兵既可以像布兰迪丝一样在雨林里进行伪装，也可以像亚米一样与冰洞的颜色融为一体！

第一章 可穿戴技术

隐形科技与脑控技术
——卢氏锦与影子徽章

在探险家学院中的应用

低头看一看你的运动衫和牛仔裤吧，穿着它们很舒服，但是总穿同样的衣服太乏味了，不如让它们换个颜色吧！看到领子上那张闪亮的贴纸了吗？那就是影子徽章！只需轻拍它两下，在脑中尽可能清晰地想象你最喜欢的颜色和布料，你的衣服就会开始翻转和闪烁。然后，它们就会变成你想要的那种颜色和质地！

卢氏锦是卢亚米在技术实验室主任方雄·奎尔斯博士的帮助下发明的一种脑控材料。没错，卢氏锦正是以卢亚米的姓氏命名的！卢氏锦可以根据你的意念，改变你穿的衣服的颜色、图案和质地。你只需用手指在衣服的徽章上轻点两次，这枚徽章就会与你脑内的神经纤维回路同步，并释放出一张卢氏锦生物网将你包裹。在第四部《星星沙丘》中，正是利用卢氏锦的雨林图案进行了伪装，布兰迪丝和其他新生才能悄悄地靠近山地大猩猩去喷洒药水，而不被察觉。

但是卢氏锦最厉害的还是它的隐身功能。在《探险家学院》第二部《猎鹰的羽毛》中，亚米、克鲁兹、布兰迪丝和赛勒被涅布拉的卧底困在了冰岛的一个冰洞里。他们怎样才能溜出去，而不被坏人发现呢？在绝望之中，亚米想到了卢氏锦。借助卢氏锦的帮助，他伪装成周围冰雪的颜色，帮助大家逃出了冰洞！拥有这种隐身技能，你就像超级英雄一样！

“卢氏锦”
可行性评估表

在现实生活中的应用

你知道隐身技术都有哪些吗？

隐形技术

“光谱隐形”是一种新型的隐身技术。在正常情况下，我们之所以能看到物体，是因为光在物体表面产生了反射。光谱隐身技术是指仪器改变了照射在物体上光的频率，使光可以直接穿过物体而不产生反射，进而实现隐形的效果！

在未来，研发团队希望能够实现汽车和军用飞机的隐形，甚至人体的隐形。

脑控技术

卢氏锦最炫酷的优点就是它可以读取大脑皮层的脑电信号。实际上，这项技术已经问世了。在多伦多大学斯卡伯勒分校，研究人员开展了相关实验。首先，他们将志愿者的头部与一台医用测量脑电波频率的脑电图机（EEG）连接。接着，研究人员向志愿者展示了一组人脸照片。

多伦多大学斯卡伯勒分校的研究人员正在学习使用脑电图机

脑电图机记录了志愿者在观看不同人脸时的大脑皮层活动。随后，研究人员要求志愿者在脑海中想一张人脸，并利用之前的数据，通过分析志愿者此时的大脑活动，使志愿者大脑中浮现的人脸在另一台电脑中呈现！

想知道更多？

大脑皮层脑电信号记录仪是一种微小的电极，可以收发大脑皮层脑电活动的信号。将其植入残障人士的大脑后，残障人士就可以使用意念控制自己的义肢了！

第一章 可穿戴技术

智能配件与智能纺织品

——探险家学院的学生制服

在探险家学院中的应用

此前，你们一直穿着日常服装执行任务，从今天开始，你们的服装要升级了，快来试穿一下探险家学院的校服吧！它的研发者是方雄·奎尔斯博士，她向大家介绍，这套制服不仅能变成漂浮的装置，而且背面还有一顶内置轻型降落伞。同时，在它的衣领上还有一枚探险家学院 EA 徽章，你只需轻轻一按它，然后说出你的身份和希望通话的对象，就能与信号范围内任何一位佩戴了同样徽章的人进行通话。如果需要帮助，宿舍管理员泰琳也会随时与你通话："我是泰琳，需要帮忙吗？"如果按两次 EA 徽章，它就会变成一个全球语言翻译器。想象一下，掌握多种语言的感觉，是不是很棒！

接下来，让我们一起了解一下探险家学院制服所应用的技术，以及在现实生活中对应的发明创造吧！

遮阳布料

现已问世！多种防晒布料均能提供 100 小时的紫外线防护，同时阻挡阳光中 99% 的有害射线。

浮力外套

现已问世！这种浮力外套是美国海岸警卫队批准使用的专业漂浮装备，内有浮力泡沫。

防水面料

现已问世！有一种聚酯帆布面料以聚氯乙烯（PVC）为背衬，防水性能绝佳。

探险家学院通信别针兼全球语言翻译器

即将问世！这是一种可以即时翻译数千种语言的全球语言翻译工具，是不是很厉害！

可将身体热能转换为电能的口袋充电器

即将问世！美国麻省理工学院的机械工程师们正在研究一种电池，它可以利用体温为你口袋里的手机充电，而不需要任何端口！

驱虫织物

现已问世！有一家防虫用品制造商，最初为美国军方服务。该公司将一种名叫氯菊酯的无味驱虫剂黏合到服装上，以达到驱虫效果。事实证明，每个产品经过高达 70 次以上的洗涤后，其驱虫效果依然很显著！

防蛇织物

现已问世！有一个主打抗蛇咬织物的品牌，借助坚韧的纤维和超紧密的编织技术，其护腿可有效防止毒蛇牙齿的穿透！

抗菌织物

现已问世！有一种用于医疗的织物可以缓慢释放出抗菌物质，杀灭织物上存在的细菌。

轻型内置降落伞

即将问世！气凝胶是目前地球上最轻的固体材料，科研人员正尝试用石墨烯气凝胶制作轻型内置降落伞。生产这种材料，首先需要将石墨烯和碳纳米管混合，然后将其倒入模具中，进行冷冻干燥。

生物发光现象

——“躲猫猫”夹克

在探险家学院中的应用

在探险家学院，你会拥有一件配发的灰色迷彩夹克，可以帮助你伪装自己，大家都叫它“躲猫猫”夹克。熄灯之后，你反而更想穿上它了，这是因为这件外套可以把内衬翻出来反着穿，银色的内衬看起来平平无奇，实则隐藏着一个神奇的功能，那就是如果轻按领口上的按钮，制服夹克的内衬就能发出点点的生物萤光！这样穿着它去玩“躲猫猫”，想不被找到都难！

如果独自外出探险，一定要记得带上这件夹克。在《探险家学院》第二部《猎鹰的羽毛》中，克鲁兹、赛勒和布兰迪丝三人在冰岛寻找石片时，被困在一座冰川下的冰洞里，因冰层太厚，他们完全接收不到信号，也无法向外界求援。在被困之前，涅布拉的卧底本想把他们炸死在冰洞里，结果只是震碎了洞室的冰层。克鲁兹望着头顶变薄的冰层灵机一动——或许可以通过光亮向外面的人求救！大家把所有的发光设备都聚成一堆，但还是杯水车薪。终于，他们想起了“躲猫猫”夹克也可以发光！这种夹克不仅可以在极寒的天气里保暖，还能在必要的时候发光求援！

现实生活中的生物发光现象

“躲猫猫”夹克所用的生物发光技术，其原理基于生物体内的一种化学反应。在此过程中，生物体内的萤光素酶加速了萤光素与氧气的反应，从而使生物体产生萤光。在现实生活中，还有哪些发明应用了生物发光技术呢？让我们来一探究竟吧！

会发光的树

想象一下，夜幕降临，街道两旁的大树闪闪发光，照亮了整座城市！目前，科学家正在尝试将萤光素和萤光素酶注入植物中，希望在未来可以用会发光的树取代路灯。美国麻省理工学院的科学家已经成功地让豆瓣菜发光，这种改良过的豆瓣菜可以连续发光近 4 个小时！

可监测水体污染的发光细菌

发光细菌的出现大大简化了水体微污染物的检测流程。一些发光细菌的发光强度与水体中的毒性物质浓度呈负相关关系，人们可以利用它们来检测水体污染的程度。

会发光的蛋糕

你见过会发光的生日蛋糕吗？咬一口上面的糖霜，你的嘴里就会闪闪发光！有一家公司就在蛋糕里加入了生物发光酶，这种酶可以与你的唾液和氧气发生反应，这样吃到嘴里的蛋糕就会发光了！这种蛋糕目前虽未上市，但许多小朋友已经迫不及待了！

“‘躲猫猫’夹克”
可行性评估表

大自然中的灯光秀

你可能在萤火虫身上看到过生物发光现象，萤火虫会通过发光吸引配偶。但是在自然界中，会发光的可不止萤火虫一种生物，快来看一看还有哪些“生物发光小能手”吧！

会发光的蘑菇

有些蘑菇会散发出阴森诡异的光芒。有时候，它们的光芒甚至能亮到够供你看书！

与发光细菌共生的深海猎手

鮟鱇鱼是一种深海猎手，它的头顶长着一个发光器，里面有许多发光细菌。细菌依靠鮟鱇鱼生存，鮟鱇鱼则借助细菌发光来吸引和捕捉猎物。好奇的鱼虾们寻光而来，却很快变成了一顿美餐！

绽放在深海的烟花

某些头足类软体动物，如一些品种的乌贼、章鱼等，遇到捕食者时会发光迷惑天敌或喷出一串闪闪发光的绚丽黏液，把敌人搞得晕头转向。

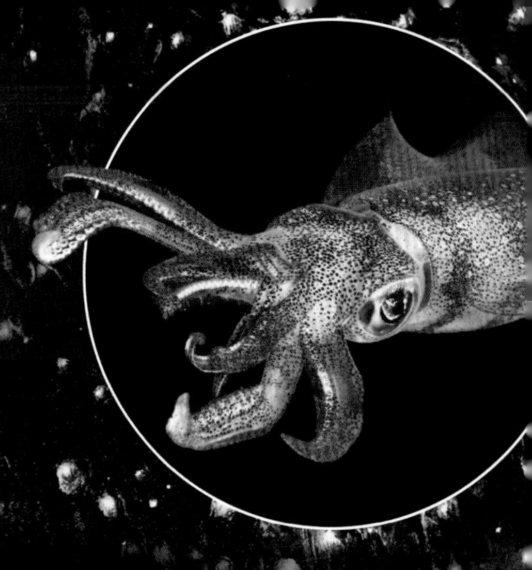

海洋中的“缥缈仙子”

世界上近一半的水母都会发光。有些发光水母在遇到捕食者时还会自断触角，用发着光的触角来吸引捕食者的注意力，借机脱身。

编织仙境的洞穴“精灵”

在新西兰和澳大利亚一些黑暗潮湿的洞穴里，居住着一种发光蕈蚊的幼虫。它们向下悬垂丝线，把洞穴变成了美轮美奂的“人间仙境”。置身其中，仿佛在银河里一样。

流入大海的星河

海水发光现象又称“乳海现象”，布兰迪丝告诉克鲁兹，这是由于发光细菌点亮了海水。研究人员通过对卫星图像的分析发现，在外太空居然也能看到海水发光现象。曾有卫星捕捉到非洲索马里附近一片巨大的海域出现了奇异闪光，其面积堪比美国康涅狄格州的面积。

在泰国的龙仔厝府，发光的浮游生物使海水闪着光芒，如梦似幻

生物萤光

探险家档案：戴维·格鲁伯

午夜两点，海水轻轻拍打着船身，一位潜水员从船上纵身一跃，溅起一片浪花。他像一条鱼儿，轻快地游到一丛珊瑚礁旁。此刻，这里正举行着一场盛大的水下派对！各种生物发出的点点萤光交相辉映，美不胜收。这位潜水员名叫戴维·格鲁伯，他此行是专门来研究夜幕下的海洋发光生物的。

和克鲁兹·科罗纳多一样，格鲁伯也是一名冲浪爱好者。上大学时，他对海洋学产生了浓厚的兴趣，希望以后从事与海洋有关的职业。后来，格鲁伯在夜潜时，被发光的海洋生物深深吸引，他开始将目光转向海洋生物。

就这样，格鲁伯成了一名水下摄影师、潜水器设计师、教授和发明家。在鲨鱼附近游泳时，格鲁伯会戴上一款他参与研发的相机，这款相机配备了有色滤镜，可以帮他看到某些海洋生物身上特有的生物萤光，例如，某些猫鲨属的鲨鱼遇光就会发出明亮的绿色萤光。格鲁伯说："有些鱼的眼睛里也有类似黄色滤镜的结构，可以滤掉蓝光，因此它们能看到其他海洋生物身上的萤光信号。鉴于雄性和雌性鲨鱼身上的萤光有所不同，这种生物萤光很可能是它们之间的一种沟通方式。"

格鲁伯还与其他科学家合作，尝试分离这种生物萤光化合物，并将其用于遗传标记。如果能像萤光笔一样标记目的基因，将大大方便科学家研发抗癌药物。

如何利用生物萤光来保护动物：瞧，一只“夜光”龟

迄今为止，戴维·格鲁伯已发现了200多种具有生物萤光的鱼类，其中不乏鲨类。格鲁伯最激动人心的经历是他发现了全球首只萤光海龟。所罗门群岛是太平洋西南部的一个岛国，由900多座岛屿组成。一个月圆之夜，格鲁伯在所罗门群岛的岸边潜水。与往常一样，他戴着一只很亮的蓝色LED灯，在这种蓝光的照射下，他能看到海洋生物身上的生物萤光。突然，一只属于极度濒危物种的玳瑁从他身边游过。在灯光下，这只小家伙浑身像霓虹灯一样闪耀着绿色和红色的光。格鲁伯顿时惊呆了！

格鲁伯需要借助蓝光才能看到这只玳瑁身上的萤光，而其他玳瑁的萤光单凭肉眼就可以看到。格鲁伯说：“海龟的眼睛后面有一种彩色的小油滴，这些油滴起到了滤色镜的作用，使得它们可以看到这些生物萤光。因此，人类看到的大海其实和海龟看到的大海不同。”

这个发现十分重要，如果能弄清海龟的视觉模式，以及它们在海洋中的迁徙路线，我们就能更好地保护这些小家伙。我们可以根据海龟的视觉特点，设计其易于避开的渔具，还可以发明一种特有的沙滩灯，减少对海龟交配、产卵的干扰。格鲁伯说：“用海龟的眼睛来看世界，可以让我们更好地与这些生物共存。”

一只玳瑁

神奇的制服科技

还记得闪闪发光的“躲猫猫”夹克吗？这种引人注目的服装并非探险家学院独有，目前，许多神奇的服饰材料都在研发当中，快来瞧一瞧吧！

盲鳗分泌的黏液

盲鳗身形细长如蛇，其自卫时会释放出一种韧性极强的黏液。这种黏液遇水便会产生反应，体积可瞬间膨胀上万倍，使得鲨鱼等天敌短暂窒息，甚至死亡。这种黏液看似柔软，实则十分强韧，有望成为一种超轻型防弹衣的原料。科学家甚至还打算用它来阻挡敌人的船只，原理如下：这种黏液纤维干燥后会变成有弹性的细线，入水又可瞬间扩散膨胀。但鉴于盲鳗难以人工养殖，科学家很可能会据此制造一种合成黏液。

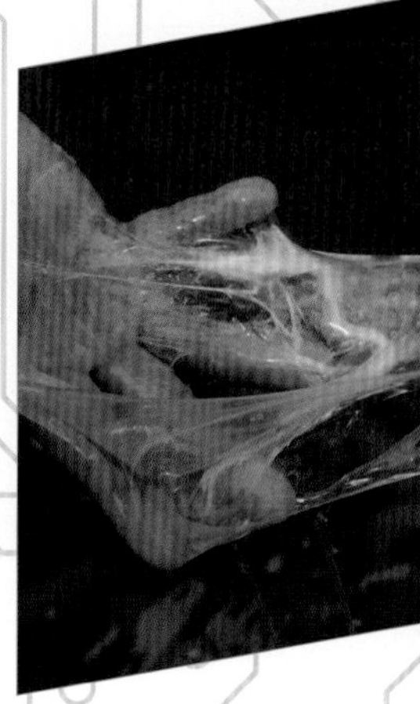

透明防弹盔甲

有一次，方雄曾将一种强腐蚀性液体倒在脚背上，脚却丝毫无损，这是因为她穿着透明的防酸靴。“透明盔甲”是由与防酸靴材质类似的透明塑料制成的，即使用砂纸擦拭也不会刮伤。这种盔甲可以防弹，即使表面产生凹陷，也可复原如初。当加热到 100℃时，它就会恢复到原来的形状。

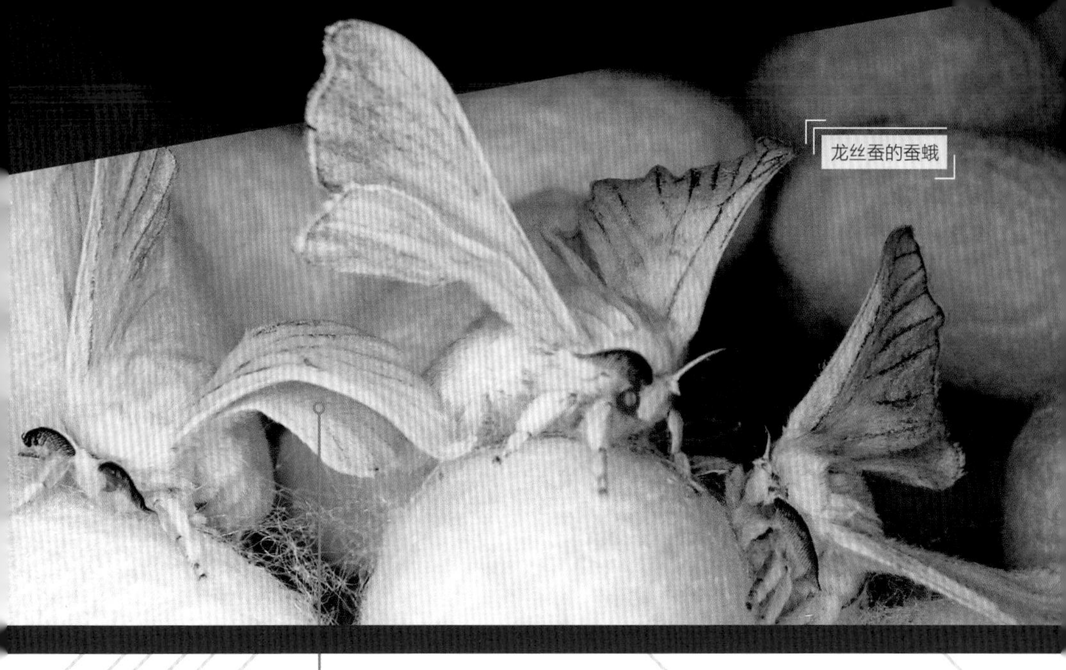
龙丝蚕的蚕蛾

龙丝

龙丝来自一种转基因蚕。将蜘蛛基因注入蚕的受精卵内，孵化出的蚕便能吐出与蛛丝同样强度和韧性的丝线。龙丝的抗拉强度高且弹性极佳，其韧性超过了传统的防弹材料“凯夫拉”纤维，科学家希望用这种材料做出更强韧的防护服。此外，这种龙丝柔软且富有弹性，是一种绝佳的制作军用内裤的材料，可以很好地保护士兵的下体免受伤害。

防弹泡沫

这种复合金属泡沫是由金属制成的，内有许多细小孔洞。它利用众多气囊来降低冲击力，能吸收飞速射来的子弹所带来的巨大动能。该材料的研发者阿夫萨内·拉比伊认为，这种新型材料不仅可以应用于制作防弹衣，还可应用于制造汽车的保险杠。

智能制服

科学家在智能制服上装了多种传感器，使这款制服可以监测穿戴者的生命体征、睡眠状况、步数和位置。同时，这款制服还能监测环境中化学物质的种类、细菌数量和辐射强度。在《探险家学院》第四部《星星沙丘》中，涅布拉在克鲁兹的行李袋上下了毒，克鲁兹如果穿着这款制服，就能第一时间识破涅布拉的阴谋了！

第一章 可穿戴技术

智能眼镜

——脑控相机

在探险家学院中的应用

在探险家学院，还有一项重要的发明，那就是神奇的脑控相机！这是一块带有弧度的金属薄片，其右侧有一个镜头。贝内迪克特博士向大家介绍说：“你只需把它戴在头上，将镜头对准你要拍摄的主体，想着‘照片’两个字，然后闭眼两秒钟，就能拍出一张照片。”瞧，你身边的窗台上有一朵小粉花，快来试一试吧！先在心里默念“放大”，画面立刻就会被拉近，然后按照上面的方法给这朵小粉花拍一张美丽的照片吧，照片立刻就会上传到你的平板电脑上！

在现实生活中的应用

具有与脑控相机相似功能的智能眼镜已经问世了！以谷歌眼镜为例，它看起来就像一副小小的单片眼镜，但其功能却相当于一台“可穿戴式计算机”。谷歌眼镜的其中一个镜片具有微型显示屏的功能，你可以通过语音控制它。另外，用户还可以先在应用商店里下载一款谷歌眼镜辅助应用程序，随后只需简单地“眨眼”即可完成拍照。这种智能眼镜的工作模式与探险家学院的脑控相机的工作模式极为相似。

智能眼镜在我们身边并未普及，原因有二：第一，这种眼镜可以在他人不知道的情况下拍照，有侵犯隐私之嫌；第二，许多用户认为戴这款眼镜看起来很可笑。但智能眼镜并未消失。现在，智能眼镜为许多行业带来了便利。例如，智能眼镜解放了工人的双手，他们可以一边阅读电子说明书，一边腾出手来组装产品。

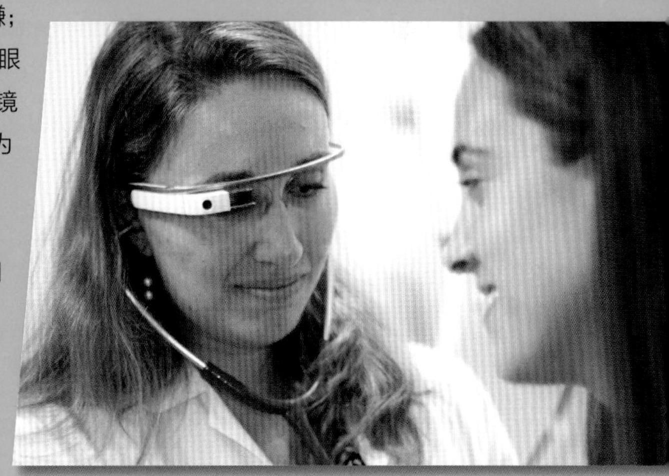

医生可以通过谷歌眼镜直播手术过程

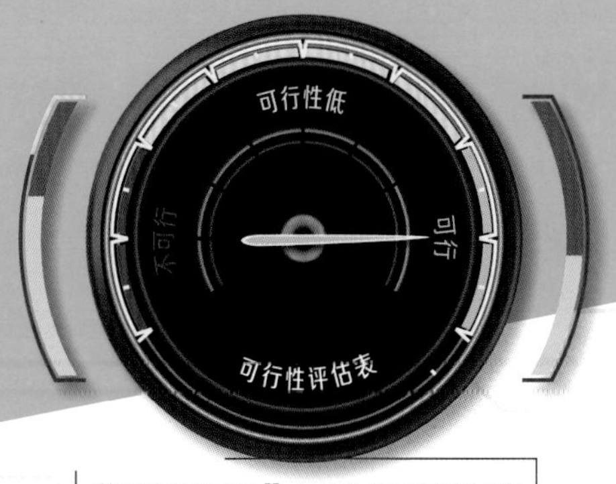

“脑控相机”可行性评估表

现实生活中的“读心术”

会“读心术”听起来像天方夜谭，但并非遥不可及。脸书（Facebook）公司一直致力于研发“读心”科技。该技术可以使用户用意念控制光标，无须使用鼠标。这一技术或许会造福众多有肢体或语言障碍的残障人士，帮助他们自由地表达想法。在未来，这项技术或许还能打破语言壁垒。你只需在脑海中想象某个画面，计算机就可识别其内涵，并将其翻译成另一种语言。例如，你完全不需要知道“厕所”的英文单词如何拼写，只需在脑海里想象厕所的画面，电脑就会自动识别，并键入文字。

高科技捕梦网

科学家已经发明了一种可以识别人类梦境的大脑扫描仪。扫描仪可以对比人们清醒时和睡眠时的大脑活动，进而识别梦境。例如，扫描仪可以记录我们清醒时看到猫的脑电波活动，当我们在睡眠中出现同样的脑电波活动时，扫描仪就能分析出我们梦到了猫。在日本科学家的一项研究中，机器识别人类梦境的正确率已高达 60%。

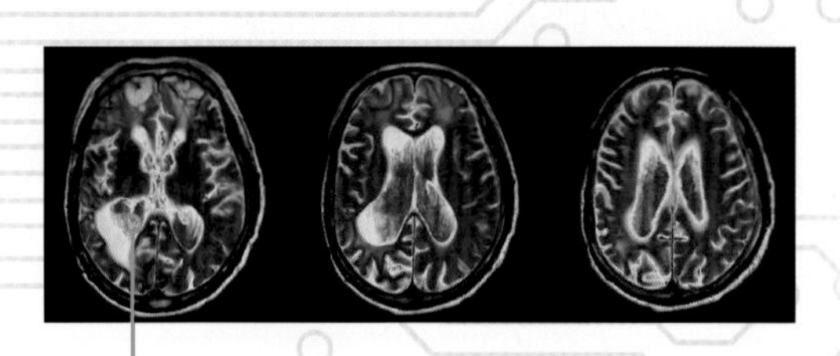

用大脑发邮件

在未来，你只需在脑海里想你要说的话，这些话就可以自动转成邮件，并自动发送，无须你动手。

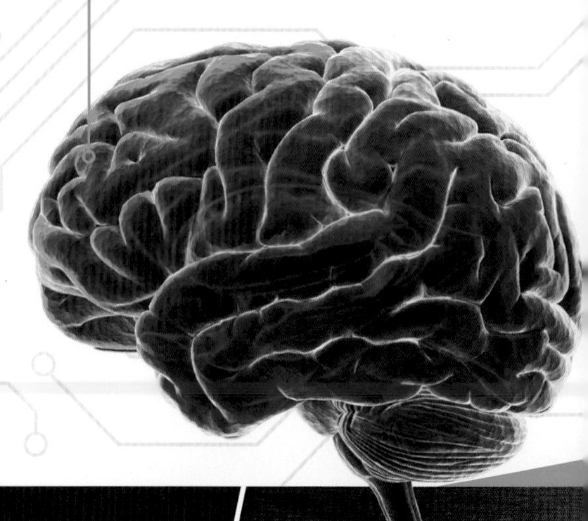

帮大脑做体操

你也可以利用“读心术”来训练自己的大脑。由一家奥地利公司研发的生物反馈仪可通过脑电传感器测量人体的呼吸频率、心率和肌张力，并将数据实时上传给应用程序，让用户直接看到自己的生理参数，并在程序的引导下进行反馈式调节。而另一款由加拿大公司研发的脑电波感应头环近年来也同样大放异彩。这款头环的外形与克鲁兹的脑控相机的外形十分相似。头环可凭借先进的脑电波感应技术帮助用户集中注意力，调节焦虑、恐惧等情绪。这款头环还有一个配套的应用程序，它可以带着用户进行冥想活动。当你心烦意乱时，就会从内置耳机中听到一阵风声；当你周身放松、心无杂念时，耳畔就会响起美妙的海浪声。快来用“读心术”帮大脑做个“体操”吧！

脑电波感应头环

潜水科技
——探险家学院的潜水制服

在《探险家学院》第二部《猎鹰的羽毛》中，水上项目主管特里普·斯卡拉托斯曾邀请克鲁兹学习驾驶“雷利号”潜艇，克鲁兹简直不敢相信自己会有这样的好运气。更惊喜的事情还在后面！特里普还亲自带着克鲁兹去海底逛了一圈！克鲁兹很紧张，但是在多种神奇的水下科技的帮助下，他顺利完成了任务。克鲁兹所使用的这些潜水设备，大多已问世！

湿式潜水服

对于专业潜水员而言，“凯夫拉”潜水服可谓是不二之选。“凯夫拉”材料常用于制作防弹背心，质地极为强韧，可有效抵御海洋生物的撕咬。

手持式声呐探测仪

声呐技术包括主动声呐技术和被动声呐技术。其中，主动声呐技术是指声呐主动发射探测信号，然后接收水中障碍物或目标所反射的回波信号，计算回波时间及回波距离，以测定物体的距离、方位、速度等参数。手持式声呐探测仪可帮助潜水者感知深度变化或周围的鱼群。此外，这种设备还可以让潜水者在浑浊的水体中定位同伴。

防鲨冲浪板

这种新型冲浪板所配备的电子装置可不断向周围发射电磁场，对鲨鱼身上一个与中枢神经系统相连的特殊接收器造成干扰。如果鲨鱼接近冲浪者，它就会感到不适。

探险家档案：马丁娜·卡普廖蒂

马丁娜·卡普廖蒂在亚得里亚海沿岸学水肺潜水时，在天然礁石里发现了一些电池，电池旁边还有许多觅食的鱼儿。意识到人类对海洋的影响之后，卡普廖蒂觉得她有责任做些什么，于是，她开始研究人类垃圾对海洋生物的危害。

卡普廖蒂说："流入海洋的塑料瓶经年累月会慢慢降解成微小的塑料颗粒，当塑料颗粒像芝麻粒那么大时，这些塑料颗粒就会成为我们所说的微塑料。"

有些人意识不到这件事情的严重性，但卡普廖蒂说："这些微塑料表面有大量污染物。当微塑料进入海洋动物的消化系统后，会伤害它们的肠道。"与此同时，在人类的粪便中也检测出了微塑料，这说明塑料污染正通过食物链进入人的体内。

幸运的是，我们还可以采取措施来遏制这种污染。例如，我们可以尽量避免使用一次性塑料制品（包括塑料瓶、塑料吸管、塑料杯子等）；在去逛街的时候，带上一个可以重复使用的环保购物袋。

卡普廖蒂说："目前检测出来的微塑料大都来自数年之前的海洋污染物。我们虽然改变不了过去，但可以改变未来。"

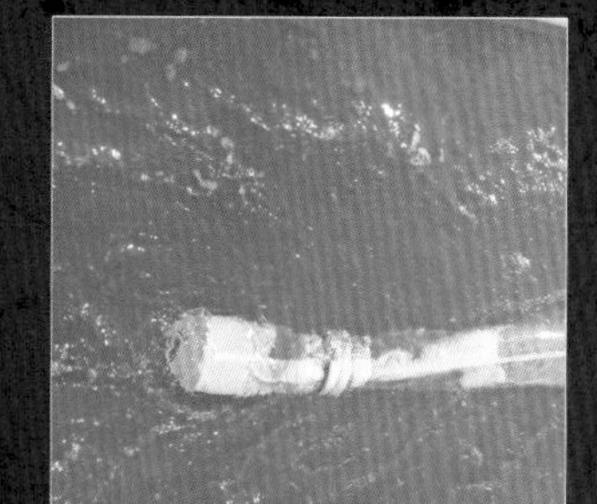

这种水面清洁拖网可以收集海洋中的微塑料

超级制服：现实生活中用到的可穿戴科技

假如要去火山或洞穴里探险，克鲁兹和其他新生应该穿些什么呢？别担心，他们可以向美国国家地理学会的探险家寻求答案。接下来，让我们来了解一下极端环境下的一些超级装备吧！

洞穴探险装备

玛丽娜·埃利奥特是一位专门研究人类化石的古人类学家。她常常深入地下，在化石中探索人类历史的奥秘。在挖掘化石时，埃利奥特有一套专门的装备。首先，她会戴上一顶带头灯的头盔，然后系上一条安全带，借此爬上陡峭的岩脊。如果洞穴里较为温暖，她会穿工作服，反之，她会穿防水的洞穴服。如果洞口有蜜蜂，埃利奥特会戴上养蜂专用的帽子和长手套。此外，她还会戴口罩，以防接触到致病的洞穴真菌。当然了，在挖掘化石时，她也会用到一些不怎么有科技含量的工具，如豪猪刺。埃利奥特说：“豪猪刺很尖锐，但不会划伤化石。”

防火服

卡斯滕·彼得是一位探险摄影师，为了拍照，他曾深入洞穴，追逐龙卷风，甚至攀爬活火山。你一定会好奇，他在躲避落石和有毒气体时，穿的是何种制服呢？那是一件经过处理的银色全身式“防火服”。这套防火服可隔绝 90%以上的火场辐射热，头套上还装有一块镀金面镜，这样可在阻绝辐射热的同时观察外界。

冰上攀岩装备

杰克逊主要研究全球变暖对冰岛人的影响。为了抵御冰封海面上的劲风，她会穿一件 900 蓬松度的羽绒服（这是目前业内公认的顶级羽绒服），再加上另外三层衣服，同时还有防水手套、防水裤、羊毛袜（她准备了好几双作为备用）、羊毛帽和头盔……她还会带上安全带和钉鞋（钉鞋可帮助使用者在冰面或雪地上站稳脚跟）。杰克逊说：“由于我经常用手机拍照、录视频、记语音笔记，因此必须确保最外层的夹克有一个可以放手机的大口袋。不然，如果把手机放在背包里，打开背包后，里面的东西就会因为巨大的温差而在表面生成水雾，然后瞬间结冰。”

第二章

训练及生存技术

当潜艇潜入幽暗的海洋深处时，你的耳畔响起一阵浪花声。那是什么？天哪，一条大鲨鱼正朝你们游来！谢天谢地，“雷利号”飞快地甩掉了它。在探险家学院，训练任务常常危机重重，好在你们拥有最先进的科技装备！

在现实生活中，探险家也需要一些顶尖技术设备来应对棘手的情况。科学家现已研发出多种高科技水下探险装备，包括水下机械爪、能让你在水下自由呼吸的“人工鳃”，还有能钻进狭小空间里拍摄视频的机械蠕虫。

接下来，就让我们一起走进探险家学院，与克鲁兹和他的伙伴们一起，领略一下奇妙的水下探险技术！悄悄告诉你，其中许多技术现在都已问世！

一款水下摄像机器人

第二章 训练及生存技术

物体分析器

——PANDA：便携式物品符号及数据分析器

在探险家学院中的应用

在《探险家学院》第三部《双螺旋》中，克鲁兹的队友杜根 · 马什被一只突然出现在教室里的刃齿虎吓得屁滚尿流。这只体形如狮的“大猫”对布兰迪丝龇着尖牙，把她吓得尖叫起来。刃齿虎猛扑过来，却直接穿过了布兰迪丝的身体！原来那只是一段全息影像！

随后，杜根才反应过来，这原来是 PANDA 惹的祸。这种仪器可以扫描出物体的类型和年代，甚至还能分析出其上附着的动植物 DNA。杜根扫描的那块化石恰好来自一只史前刃齿虎，因此才出现了刚才惊险的一幕。

如果杜根早知道这块化石的主人是这种史前巨兽，就不敢随意扫描它了。PANDA 可以分析出生命体在死前的活动，并以全息影像的方式展现出来。由此看来，这只刃齿虎在死前刚刚进行了一场激烈的搏斗！

在现实生活中的应用

PANDA 只是一种虚拟科技产品，但便携式文物检测仪已经问世了。这种仪器可以帮助像克鲁兹的姑姑——玛莉索那样的考古学家在野外或实验室中快速检测出文物的类型、年代及所属地。

但是，也有一些文物的信息并不容易获取。考古学家曾发现一个护身符，护身符里面卷着一块极薄的银片。这块银片年代久远，倘若强行将其展开，恐怕会破坏文物本身。专家们对其进行了 CT 扫描，又结合电脑上的 3D 建模技术，终于成功“看到”了卷轴内部，并发现了里面的奇异符号。

科学家使用先进的多光谱成像技术还原《死海古卷》上的文字

万一文物上的文字或图画被涂抹过或被遮挡住了呢？别担心，我们有多光谱成像技术，可以分析出完整的图像信息。

“PANDA”可行性评估表

惊人的考古发现

世界上一些著名的考古遗址，是考古学家花费了数十年的时间才使之重见天日的。试想一下，你有寻找这些珍宝的勇气与耐心吗?

“泰坦尼克号”的残骸

1912 年，豪华邮轮“泰坦尼克号”在纽芬兰附近海域与冰山相撞后沉没，从此杳无音信。20 世纪 80 年代初，在美国海军的资助下，美国国家地理学会的探险家、海洋学家罗伯特·巴拉德研发出了一台名叫“阿尔戈号”的海底探测器，美国海军要求他用“阿尔戈号”找到在大西洋失踪的美国核潜艇。“阿尔戈号”在寻找核潜艇时发现，当船只沉入海底时，海流会带走船上的小块残骸，并形成一长串碎片痕迹。巴拉德通过追踪附近海域中的残骸碎片，发现了“泰坦尼克号”的锅炉，最终找到了“沉睡”在海底的巨轮残骸！

秘鲁马丘比丘遗址

1911 年，耶鲁大学的考古学家海勒姆·宾厄姆来到秘鲁，寻找西班牙入侵后，印加人的避难所——比尔卡班巴古城。他和一队探险家一起，涉丛林，爬藤桥，避毒蛇，终于在当地一位农民的帮助下找到了一处遗址。宾厄姆无法得知它的本名，于是借用了附近一座山的名称，称其为“马丘比丘”。他坚定地认为，马丘比丘就是他苦苦寻找的那座失落的印加古城。至此，这座神秘古城终于出现在世人眼前。然而，考古学家后来发现，马丘比丘的发现者另有其人。

埃及法老图坦卡蒙之墓

20世纪20年代，当大多数专家认为埃及帝王谷中的墓葬已被发掘殆尽时，英国考古学家霍华德·卡特坚信还有一处墓葬埋藏在黄沙之下。许多人觉得他是白费力气，然而卡特根据之前发掘出的文物认定，这里一定还安葬着一位名叫图坦卡蒙的埃及帝王。经过多年的挖掘，就在其资助人要终止资金支持时，事情终于出现了转机。一日，卡特所在考古队的一位负责送水的小男孩被一块凸起的岩石绊倒了，接下来的考古发掘证实了这块岩石是通往图坦卡蒙墓室的楼梯的最顶端的部分。这位年轻的埃及帝王的陵寝中有大量保存完好的黄金珍宝。此后，这些陪葬品在世界各地被多次展出，图坦卡蒙也成为世界著名的埃及法老。

中国秦始皇陵兵马俑

1974年，中国陕西省西安市的农民在挖井时，用铁锹突然碰到了什么东西。这些农民定睛一看，地下居然埋藏着许多栩栩如生的泥塑战士、武器、马匹和战车！考古学家赵康民受邀展开挖掘工作，经过鉴定，这是一群2000多年前的秦代兵马俑，是中国第一位皇帝秦始皇的殉葬品。古人认为，这些陶俑可保护帝王在地下安然无虞。今天，游客可以在此领略数千名兵马俑战士的英姿！

空间考古学

卢文博士是探险家学院的一位特邀空间考古学家。空间考古学并非是寻找其他星球上的文物，而是通过分析卫星图像寻找地球上的古代遗迹。

事实上，你也可以成为一名小小考古学家！你只需叫上父母，登录专业的网站，就可以远程查看卫星鸟瞰图，寻找盗洞和古代遗迹了！考古学家和政府机构可以利用这些数据来保护处于危险中的遗址，并在未勘探地区开展新的挖掘工作。

我们为什么要阻止盗墓者的不法行径呢？根据数据显示，每天都有大量被盗文物被非法出售。盗掘行为不仅使得考古学家无法对文物进行研究分析，还可能对文物造成永久损害。

成为一名空间考古学家吧！

空间考古学家常通过图像的形状、颜色及大小来识别盗洞。

> 形状：如果在卫星图像上发现一堆完美的圆圈，它们可能是盗墓者留下的盗洞；如果发现若干长长的直线，它们可能是盗墓者使用推土机留下的痕迹。

> 颜色：盗洞呈黑色，在卫星图像上十分显眼。

> 大小：大多数盗洞的直径为 2～4 米，你可以用图像底部的比例尺来计算其大小。

萨拉·帕尔卡克正通过专业的网站对遗址进行分析

考古未解之谜

有时候，考古学家会发现一些无法解释的现象，请来猜一猜以下这些东西都是用来做什么的吧！

哥斯达黎加石球之谜

已知的事实：这些神秘的石球数量很多，考古学家认为这些石球的雕刻者应为奇布查人（印第安人的一支）。有人推测这些石球代表着众多天体，然而它们的身世至今仍是未解之谜。如果你看过《夺宝奇兵》，你一定会记得影片中考古学家印第安纳·琼斯被巨大的石球追赶的场景，这一幕的灵感正是来自哥斯达黎加的石球。

秘鲁纳斯卡线条之谜

已知的事实：在秘鲁南部的纳斯卡荒原上，有许多巨大宽阔的线条，它们构成了各种生动的图案。只有在几百米的高空，才能看到这些图案的全貌，这其中包括一些几何和动植物图案。有人猜测，这些巨大的图案是某种宗教祈雨仪式的一部分，然而讽刺的是，这里的气候始终干旱少雨。

约旦哈特谢比布长墙之谜

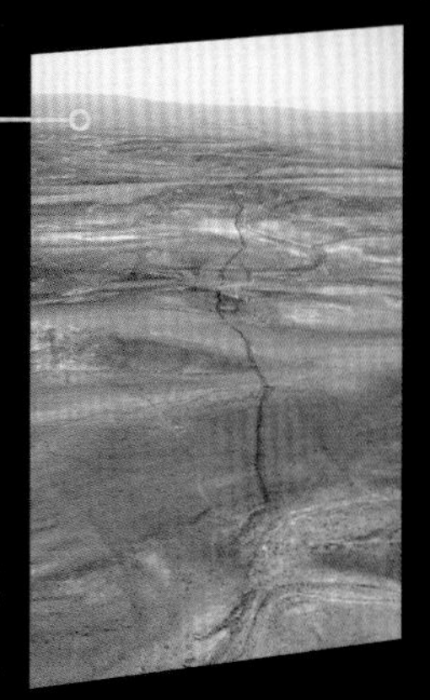

已知的事实：考古学家认为，这座墙可能是古代农田与游牧民族牧场间的边界，也可能是观察哨或临时的庇护所。嘿，试着在上面练练平衡吧，这可比在马路牙子上走有趣多了！

罗马多孔陶罐之谜

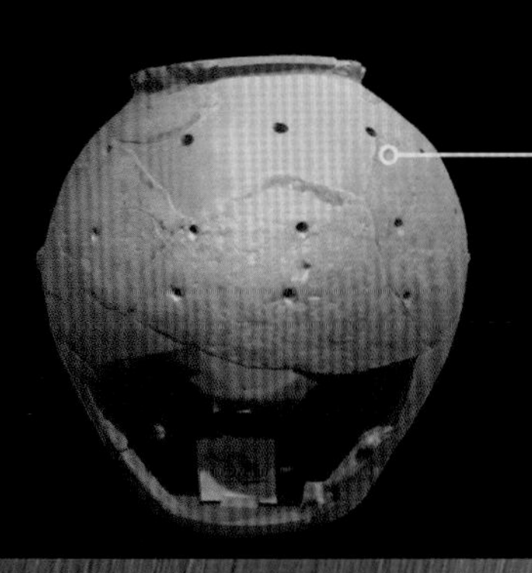

已知的事实：有人认为这种布满孔洞的陶罐是一种灯，还有人认为它是用来装蛇和老鼠等活物的。然而，上述说法均没有得到证实。

潜水设备
——“雷利号”潜艇

在探险家学院中的应用

你小跑着穿过货舱，走进一扇标着“水上项目”的舱门，顺着走廊来到一个宽敞的屋子，这里停着“雷利号”。这艘迷你潜艇形似一只橄榄绿色的巨蛋，然而你对它的形状和颜色并不感到惊讶。因为，“雷利号（Ridley）”的名字来自地球上最濒危的一种海龟——肯氏龟（Kemp's Ridley）。突然，潜艇的 4 只机械臂动了起来，舱盖也突然打开了！你们的水上项目主管从里面探出头来，邀请你去海底逛一圈。你还在等什么？快进来吧！

在现实生活中的应用

“雷利号”的原型其实是现实中的深海潜艇或深潜器。今天，让我们一起来认识一下它们吧！

美国“的里雅斯特号”深海潜艇

在英语中，深海潜艇（bathyscaphe）一词中的“bathy”意为“深的”，这可不是说着玩儿的。“的里雅斯特号”深海潜艇可以潜至海面下 1 万多米深的地方，厚实的钢制船舱使其可以承受巨大的水压。1960 年，探险家雅克 · 皮卡德和美国海军将领唐纳德 · 沃尔什驾驶“的里雅斯特号”进行潜水，这是人类首次潜入马里亚纳海沟的“挑战者深渊”——这是目前已知海洋的最深处。在那里，皮卡德和沃尔什居然发现有一些鱼和红虾在游动，这让他们十分震惊。在这样高压、低温的环境中居然还有生物存活，这不得不让人感叹大自然的神奇！

澳大利亚“深海挑战者号”深潜器

2012 年，著名电影导演和美国国家地理学会探险家詹姆斯 · 卡梅隆驾驶“深海挑战者号”下潜，成为全球只身潜水“挑战者深渊”的第一人。“深海挑战者号”独特的垂直式设计使其能在水中迅速升降。此外，该艇还配备了一个机械爪和沉积物取样器，便于从海底采集样本；还有一个“吸水枪”，可以吸取小型海底生物，以供地面的科研人员研究。“深海挑战者号”安装有多个摄像头，可以全程进行 3D 摄像。有了这些珍贵的影像资料，或许在未来的某一天，你也能像克鲁兹一样在“洞穴”里进行一次虚拟的深海潜水，挑战世界海洋的最深处！

美国“阿尔文号”深潜器

“阿尔文号”是著名的深海考察工具。它有两只机械臂，可以从海底采集样本；前方还有一个金属框，用于存放各种艇外装备（如采样器），这样里面的装备既不会被海水冲走，又能轻松开展工作。“阿尔文号”每次可以搭乘两位科学家，并配有一艘支持保障母船，上面有专门的团队提供远程支持，这些与“雷利号”十分相似。

“雷利号”的特点

- 4 只机械臂
- 6 台高清摄像机
- 可同时容纳 1 位驾驶员、1 位副驾驶员和 8 位乘客
- 有方便潜水团队离开的独立式后舱
- 运行时速可达 40 千米
- 最深可下潜至海底 1.1 万米处

“‘雷利号’潜艇”可行性评估表

惊人的水下发现

在水下，可能“沉睡”着许多沉船、宝藏和古代文明的遗迹。下面，让我们一起看一看探险家有哪些神奇的发现吧！

在黑海中发现世界上最古老的完整沉船

这艘古希腊木制沉船之所以能在海底沉睡两千多年不腐，得益于黑海独特的水质。

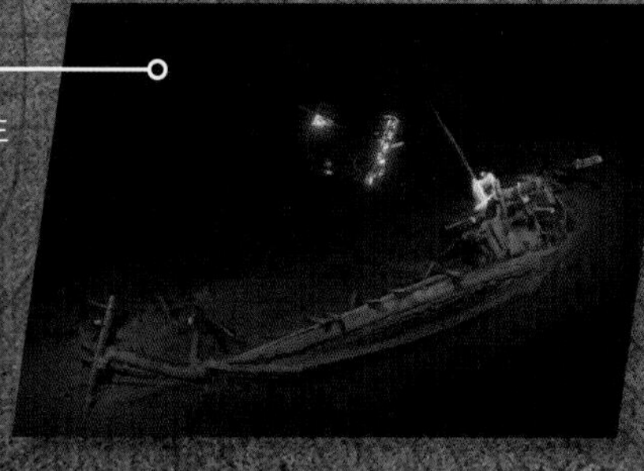

土耳其湖底惊现 3000 年前的城堡废墟

据当地人说，土耳其凡湖的湖底有一些古代遗迹。一些专家对该湖进行了长达 10 年的研究，始终一无所获。但是一支由考古学家和潜水员组成的探险队仍不愿放弃。就像克鲁兹一样，他们不想放过任何蛛丝马迹，于是决定亲自去一探究竟。功夫不负有心人，后来，这些探险家终于在湖底发现了一片 3000 年前的城堡废墟。

巨大的水下洞穴

在《探险家学院》第四部《星星沙丘》中，克鲁兹被困在了一个有着许多文物的巨大洞穴里，实际上，在现实生活中也有这样的洞穴。墨西哥尤卡坦半岛的水下洞穴就是其中一个，洞穴里有大量的玛雅文明遗迹。

探险家档案：埃丽卡·伯格曼

在小时候，埃丽卡·伯格曼就想寻找外星人，如今，她的梦想实现了——但不是在外太空，而是在广袤无垠的海底世界，这里有许多酷似“天外来客”的海洋生物。伯格曼喜欢探险，她曾像克鲁兹一样深入夏威夷丛林，曾在佛罗里达海滩上有过有趣的发现，还游览过许多外国城市。然而，最让她沉醉的还是神秘的大海。

伯格曼说：“绝大部分海洋还未被勘探。”因此，她亲自驾船，甚至还设计了潜水器。伯格曼由此得以亲眼见到常人难以见到的神奇海洋生物和水下景观，其中就包括许多沉船！

然而与此同时，伯格曼也注意到了大量海洋垃圾。“你一定听说过海龟脖子被塑料缠住的事件。”伯格曼说，“事实上，就连潜艇有时也会缠上塑料垃圾。” 如果人们一直向大海排放垃圾，终有一日会自食其果。

伯格曼认为这个世界需要更多的水下探险家，因为只有越多的人了解神奇的水下世界，才会有更多的人愿意保护它。“人们都以为海底的秘密早已被发掘殆尽，其实不然，”伯格曼表示，“或许，只有将目光投向那片蔚蓝的世界，才能拯救这个蔚蓝的星球。”

第二章 训练及生存技术

动物语言翻译器
——UCC头盔：通用鲸语翻译器

在探险家学院中的应用

一群海豚在海中跳着舞，溅起层层浪花，仿佛在向你发出邀请。别担心，只要你戴上这顶闪闪发光的黑色潜水头盔，就能与它们对话了！这顶头盔就是通用鲸语翻译器（Universal Cetacean Communicator，UCC）。如果有鲸类动物出现在你周围大约 6 米的范围内，它就会自动识别鲸类的具体物种（包括鲸、海豚或江豚），同时能将你的话翻译成对应的语言。

在《探险家学院》第二部《猎鹰的羽毛》中，克鲁兹用 UCC 头盔完成了一项重要的任务：救助一群被渔网缠住的鲸。克鲁兹担任沟通大使，负责与鲸对话，并安抚它们。尽管这些生物的体长大约是他身高的 10 倍，它们轻轻一推就能要了他的命，但是克鲁兹一解释他们是来帮忙的，鲸群立刻就平静了下来。当库斯托队为鲸妈妈解开身上缠绕的渔网时，它乖乖地一动不动。最后，它终于自由了！通过 UCC 头盔，克鲁兹听到鲸妈妈不断重复着一个词：开心……泪水模糊了克鲁兹的视线，这一刻令他终生难忘！

在现实生活中的应用

UCC 头盔可将人类的语言翻译成鲸语。在故事中，鲸用特定声音来表达它们的感觉或想法，如“累了”或“帮助”。虽然 UCC 头盔只是一种虚拟翻译器，但研究人员发现，鲸类语言的表达方式与其大致相同。

一位科学家正在聆听仪器记录的声音

“鲸歌”指的是人类通过仪器，在鲸类交流时搜集到的声音，那是一种低沉的音调。科学家发现，每只虎鲸在与其他虎鲸交流时，都会发出一种特殊的哨声——它们可能是在介绍自己的名字！目前，美国国家地理学会的探险家戴维 · 格鲁伯和罗伯特 · 伍德正在共同研发一种可以帮助潜水员记录鲸鱼声音的小型装置。

美国佐治亚理工学院的萨德 · 斯塔纳博士和他的团队研发了一种可穿戴式海豚通信器，名叫“鲸类声音遥感监测仪（Cetacean Hearing and Telemetry，CHAT）”。当研究人员穿着它接近正在接受训练的海豚时，它识别了海豚发出的一种声音，这是研究人员先前教给海豚的，但这离将海豚的语言转换成人类语言还差得很远。就目前而言，这证明了海豚可以学习我们教给它们的语言，并且可以尝试用这种语言与我们交流。

“UCC 头盔”可行性评估表

探险家档案：布赖恩·斯凯瑞

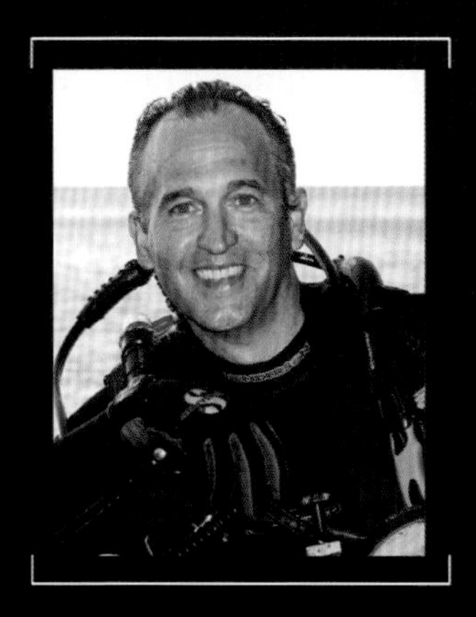

布赖恩·斯凯瑞在美国马萨诸塞州长大，从小就喜欢在海边玩耍。“我觉得大海很美丽，有无尽的奥秘等着我去探索。”斯凯瑞说，“3 岁时，父母给我弄了一个小游泳池，那时我就喜欢戴着脚蹼和面罩潜水玩儿，假装身边有许多海洋动物。”后来，十几岁时，斯凯瑞看到了一个水下摄影作品，他突然意识到这就是他想做的事情。斯凯瑞说：“我当时的目标是成为美国《国家地理》杂志的一员。”为了实现这个目标，他学习了潜水、电影制作和摄影。功夫不负有心人，斯凯瑞终于成了一名水下摄影师，他常常与海豚、鲨鱼和其他海洋生物一起潜水，为美国《国家地理》杂志拍摄专题照片。

斯凯瑞说：“我希望我的这些照片能增强人们对海洋和海洋生物的保护意识。人类在捕捞了海洋中大量的大型鱼类的同时，也破坏了全球一半以上的珊瑚礁。另外，由于二氧化碳的过度排放，引起海洋酸化，导致贝类及其他生物的生存受到了严重的威胁。”斯凯瑞希望他的照片能让人们记住海洋的美，并让人们用实际行动来保护这片蔚蓝的世界。

鲸类语言大解密

在写某一期关于海豚的故事时，布赖恩·斯凯瑞了解到，海豚是善于沟通的鲸类之一（一般来说，大的鲸类被称为“鲸”，小的鲸类则被称为“豚”），它们主要通过回声定位来观察世界和集体捕猎。海豚有一套复杂的语言体系，主要包含 3 种类型的声波：咔嗒声、哨声和猝发脉冲声。你想学习它们的语言吗？快来看一看研究人员的发现吧！

咔嗒声

这种咔嗒声会从物体上反弹回来传给海豚，告诉它物体的大小和距离，这就是所谓的回声定位。

哨声

这种声音听起来像高亢的尖叫声，是海豚主要的“对话”方式。如果小海豚发出急促的哨声，它可能在喊：妈妈，你在哪里？如果海豚发出忽高忽低的哨声，它可能在说：好棒啊！如果你听到一只海豚发出了与众不同的哨声，它很有可能是在向其他海豚介绍自己的名字！

猝发脉冲声

这种声音其实是一种非常快的咔嗒声。如果海豚们在打架，它们发出这种声音可能是在说：闪开！你想挨揍吗？

万物有灵

——小动物的独特语言

尽管通用鲸语翻译器在水下识别鲸语很方便，但是我们大多数人其实更关心自己家中的小动物。如果你想听懂自己的宠物在讲什么，当你读完这一页时，一定会很高兴——科学家正在研究如何辨别各种动物的交流方式，到那时，你不需要专门的翻译器就可以知道它们心中的所思所想啦！

猫狗密语

猫和狗的叫声并不适合用来开发动物语言翻译器，因为它们的大部分语言都藏在肢体动作里。猫的尾巴、耳朵、眼睛，乃至胡须都透露着它的喜怒哀乐。如果猫咪冲你眯起眼睛，慢慢地眨眼，那是它在对你说：我爱你。如果它小幅度地摇起了尾巴，那它可能很焦虑。有时你会看到猫咪张开嘴巴，却一声不发，它很可能是在说：我饿啦！至于小狗，就像哈伯德一样，它们高兴就会摇尾巴，但是小狗摇尾巴的速度可是有讲究的，如果慢悠悠地摇尾巴，说明它犹豫不决，或是有些担忧。如果小狗打哈欠，说明它累了，或是感到了压力。如果你听到小狗在玩耍时发出呼哧呼哧的喘气声，那可太棒了，它正在笑呢！

草原犬鼠

研究人员康·斯洛博德奇科夫正利用人工智能技术分析草原犬鼠的叫声，他发现它们不仅对不同的捕食者有不同的叫声，而且还能描述它们遇到的人类。草原犬鼠可以用叫声向同伴描述人类的身高、身形，穿什么颜色的衣服，甚至还能描述人类携带了什么东西！

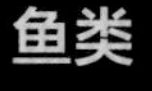

鱼类

射水鱼有一种独特的狩猎方式：它们会缓慢地游近目标，然后从口中喷出一股水柱，将昆虫打落水中。为了弄清鱼类能否辨别人脸，科学家用射水鱼进行了一项实验。研究人员让射水鱼辨认几十张人脸，其中既包括射水鱼之前看过的人脸，也包括很多新的人脸。一旦射水鱼从中辨认出自己熟悉的人脸并向其喷水，便会被给予奖励。研究结果显示，射手鱼识别人脸的准确率高达80%以上。如此看来，如果射水鱼朝着一位研究人员吐口水，那它可能是在与这个人亲热地打招呼。

动物毒液
——章鱼球

在探险家学院中的应用

你小心翼翼地拿着一只乒乓球大小的黑球，生怕按到上面的蓝环。这是一只章鱼球，它看起来像一个玩具，实则是方雄发明的一种防身武器。你只需在蓝环上轻轻一按，这个黑球就会释放出一股喷雾，这种喷雾里含有能使对方中枢神经系统瞬间麻痹的蓝环章鱼毒液。假如你在黑暗的巷子里被坏人逼到了角落，章鱼球可以帮你，尽管它不会使对方当场毙命，但也能把他们迷晕 15 分钟，为你争取宝贵的逃跑时间！

在《探险家学院》第三部《双螺旋》中，克鲁兹还真用上了章鱼球。在“洞穴”里的一次派对上，克鲁兹蒙上眼睛玩“神秘盒”游戏。他需要将手伸到盒子里，猜出自己所触及的物品。正当克鲁兹苦思冥想猜物品时，一个涅布拉的卧底突然出现在他身后，用一只手掐住他的喉咙，索要他妈妈留下的石片！克鲁兹突然用胳膊肘猛击此人的腹部，然后掏出章鱼球向其喷去。这种喷雾可真管用，克鲁兹侥幸逃过一劫。

“章鱼球”可行性评估表

章鱼球的灵感来源：

蓝环章鱼

这种章鱼身上有明亮的蓝环图案，它看起来小巧可爱。但你千万要小心，因为它是含有剧毒的“超级杀手”！

蓝环章鱼主要生活在太平洋海域中，其蓝环可对潜在的掠食者起到警告作用，使之退避三舍。蓝环章鱼所携带的毒素足以在几分钟内杀死几十个成年人，其致命成分主要为河豚毒素。蓝环章鱼的毒素是由章鱼唾液腺中的一种病毒粒子产生的。

蓝环章鱼的嘴极为尖利，且兼有喷雾器的作用。捕食时，它会先将嘴插入动物体内注入毒液，使之昏迷；它也会向水中喷出一团毒液，毒液会从水中进入猎物体内。然后，蓝环章鱼就能尽情享用这顿丰盛的海鲜大餐了！

蓝环章鱼的危险之处在于，当人类被它咬了之后，刚开始没有任何痛感，等到发现时，往往为时已晚。因此请你务必睁大眼睛，一旦蓝环章鱼的蓝环亮起，就说明蓝环章鱼已经生气了，正在给你下“最后通牒”呢！

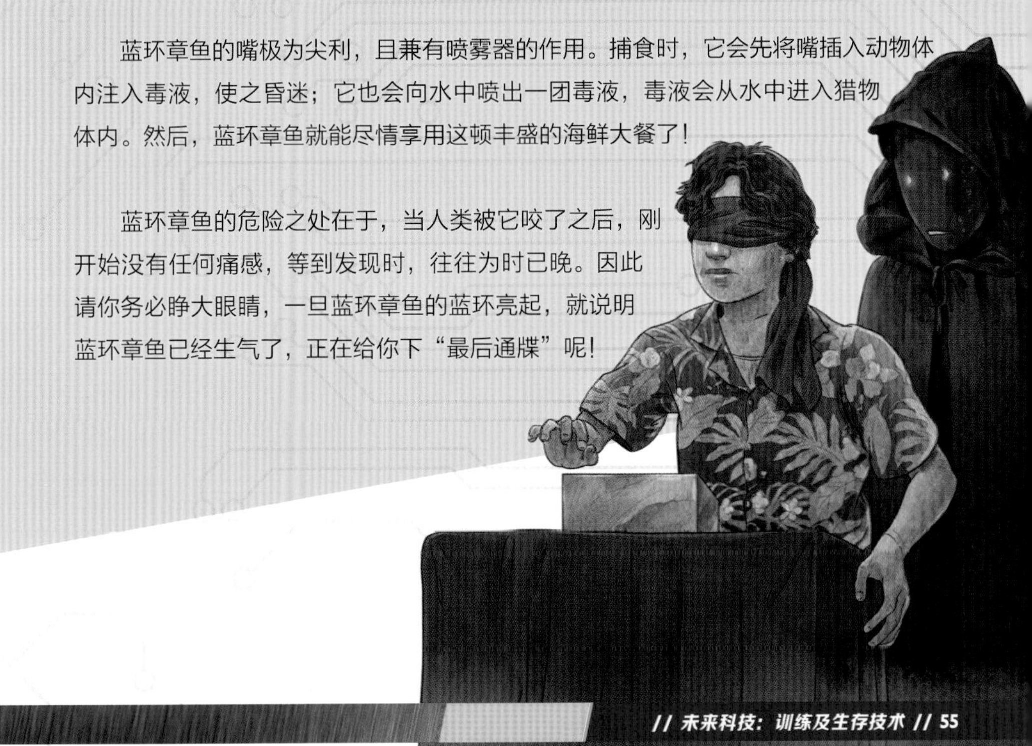

动物毒液的应用

探险家档案：佐尔坦·塔卡奇

与克鲁兹的妈妈一样，佐尔坦·塔卡奇也在研究动物毒液及其医疗用途。他从小就喜欢抓蛇。后来，塔卡奇惊讶地发现，尽管世界上一些顶级的救命药物来自蛇毒，但仍有多达 2000 万种毒液未被研究过。因此，塔卡奇决定建立一个以治愈疾病为目标的毒素库，希望它可以帮助科学家发现疾病的新型疗法。尽管塔卡奇本人对蛇毒和抗蛇毒血清都过敏，但他依然选择了这条道路。那么，他是如何保证自身安全的呢？每当发现一条毒蛇，塔卡奇就会用一根长棍子按住它，然后把它引到一个透明的管子里，以防被咬伤。塔卡奇在毒蛇身上采集一个微小的组织样本，从中获取毒素的毒性成分，而后将其添加到他的毒素库中，最后小心翼翼地避开蛇的毒牙，将其放生。

塔卡奇还从吉拉毒蜥、海葵、蝎子和其他有毒动物身上提取过毒素。这些动物听起来很可怕，不过更危险的还是它们生活的环境。塔卡奇收集这些毒素时，可谓是九死一生——危机暗伏的丛林沼泽、飞沙走石的沙漠、勃然大怒的大象、饥肠辘辘的鳄鱼……然而，塔卡奇认为这些都是值得的，或许将来有一天，他收集的毒素会治愈多发性硬化症、类风湿关节炎和癌症等疾病。塔卡奇希望人类能意识到这些“可怕”动物的价值，并学会保护它们和它们的栖息地。

“化腐朽为神奇”的毒液

正如佐尔坦·塔卡奇所言，蓝环章鱼是一个不折不扣的“杀手”，但有些动物的毒液却兼具毁灭和新生的力量。

“卡托普利”可用于治疗高血压，保护心脏，它能有效提高心脏病患者的存活率。大多数服用“卡托普利”的人可能还不知道，它其实来自巴西毒蛇的毒液！这种毒液能阻断一种使血管收缩的酶，这样心脏可以更容易地把血泵到全身。如今，人们已经可以合成这种毒素了，这为无数患者带来了福音。

另一种有研究价值的蛇是黑曼巴，这种蛇产自非洲，其毒液致死率极高，然而，其毒液中有一种特殊的成分，这种成分有望代替传统的止痛药，帮助人们缓解疼痛。

说到止痛药，其实芋螺已经在这方面大显身手了。像黑曼巴一样，这种海洋“猎手”的毒液也含有一种可以麻痹神经、起到止痛作用的化合物，而且其效果比传统止痛药好很多。“齐考诺肽”就是一种使用合成的芋螺毒素制成的止痛药，它能有效阻止疼痛信号传递到患者的大脑。

一条正昂着头的黑曼巴蛇

不可思议的发明

——以动物为灵感的未来科技

说起像章鱼球一样从动物身上获得灵感而设计的装备，那可真不少。快来看一看还有哪些奇妙的仿生科技吧！

仿生鲨鱼皮船舶涂层材料

附着在船上的藤壶和其他海洋生物一直让美国海军深受困扰。藤壶不仅会增加船舶的航行阻力，降低航速，耗费大量燃料，还大大增加了船舶的清理成本（清理藤壶的过程动辄花费数百万美元）。然而，科学家注意到鲨鱼身上却不会粘上藤壶，这是为什么呢？原来鲨鱼的鳞片上有微小的凸起，令海洋生物难以黏附。研究人员受到启发，开发出了一种仿生鲨鱼皮涂层，并将其用于船舶外部，这样可以减少藤壶的附着。

仿生棘头虫皮肤移植补丁

研究人员发现，一种名为“棘头虫”的鱼类肠道寄生虫，可将自己尖锐的吻突插入寄主体内，并让吻突膨胀，从而让身体牢牢地嵌在寄主身上。受此启发，科学家研发出了一种具有微针的仿生补丁，该补丁能够将移植的皮肤固定在身体的受伤部位。这种补丁在人体内接触到水分后，其尖端的水凝胶便会膨胀，从而帮助固定补丁。这种补丁的黏附强度可达手术缝合钉强度的 3 倍以上，且受伤部位感染的风险会变得更小。

仿生猫舌软体机器人

猫咪的舌头上有许多倒刺，它们可以钩起并梳理毛发。研究人员用 3D 打印机打印了一个猫舌，希望能参照猫舌上柔韧的倒刺，研发一种软体机器人，这种软体机器人将具备强大且灵活的抓握力。此外，科学家还有望利用猫舌的构造研发一种新型梳子！

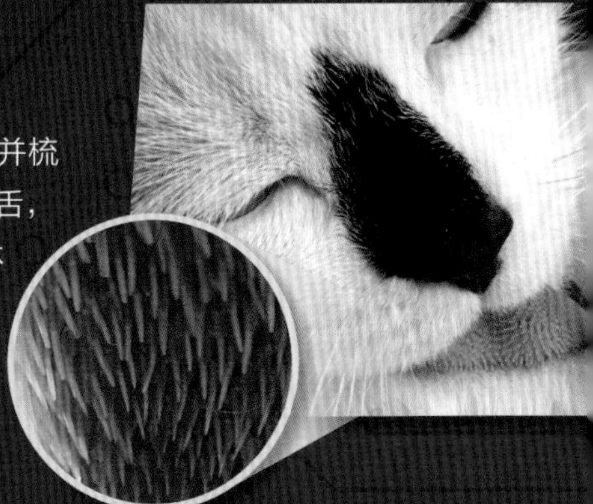

防眩光仿生水母手机屏

你一定有这样的经历：在太阳的照耀下，你可能看不清手机屏幕，这就是眩光造成的。不过，水母可是对付这种眩光的专家。某些水母受到惊吓时，皮肤表面会起皱。事实证明，这些细小的褶皱会散射光线，而不会将其反射为眩光。科学家正试图把这种效果应用到手机屏幕上。

仿生翠鸟列车

日本第一代子弹头列车遇到了一个技术难题。当其以每小时 320 千米的速度离开隧道时，空气分子会在列车的车头处积聚，发出震耳欲聋的爆炸声。为了降低这种噪音，工程师们决定向翠鸟“取经”。翠鸟的喙又尖又长，入水时不会产生水花。因为水会沿着鸟嘴滑过，而不是被推着前进。现在，列车的“长鼻子”就是参照了翠鸟的喙。经过改良的列车行驶起来更加安静。

一辆飞驰而过的日本子弹头列车

动物是我们最好的老师

章鱼球确实很棒，但比起真正的章鱼防御机制，它还差得远呢。即便是最先进的通用鲸语翻译器，也无法与鲸类复杂的声音机制相媲美。事实上，动物才是人类最好的老师，科学家每天都在向它们“取经”！

地震来临前的动物警报

2011 年，秘鲁发生了 7 级地震。在地震发生前 3 周，动物们就已经开始从亚纳查加-切米连国家公园撤离。然而，科学家在地震发生前两周才观察到地震活动。类似的事件在全球许多地方都有报道。一些科学家认为，这些动物在地震前夕察觉到了地磁场的紊乱。如果我们能够弄清楚动物地震预警的原理，或许有朝一日便可以免受地震危害。

在意大利西西里岛，农场动物可以预测火山爆发，例如，山羊和绵羊似乎能够先于人类知晓活火山爆发的时间。在埃特纳火山喷发前 4~6 个小时，它们在半夜醒来并开始迁移。到了白天，它们已经转移到了另一个地带。当火山爆发时，它们安然无恙。现在，科学家正给农场动物安装一种追踪器，希望它们能为某种灾难提供早期预警。

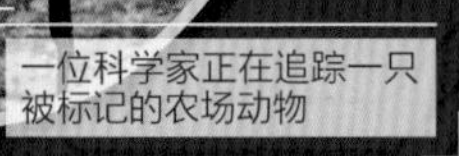
一位科学家正在追踪一只被标记的农场动物

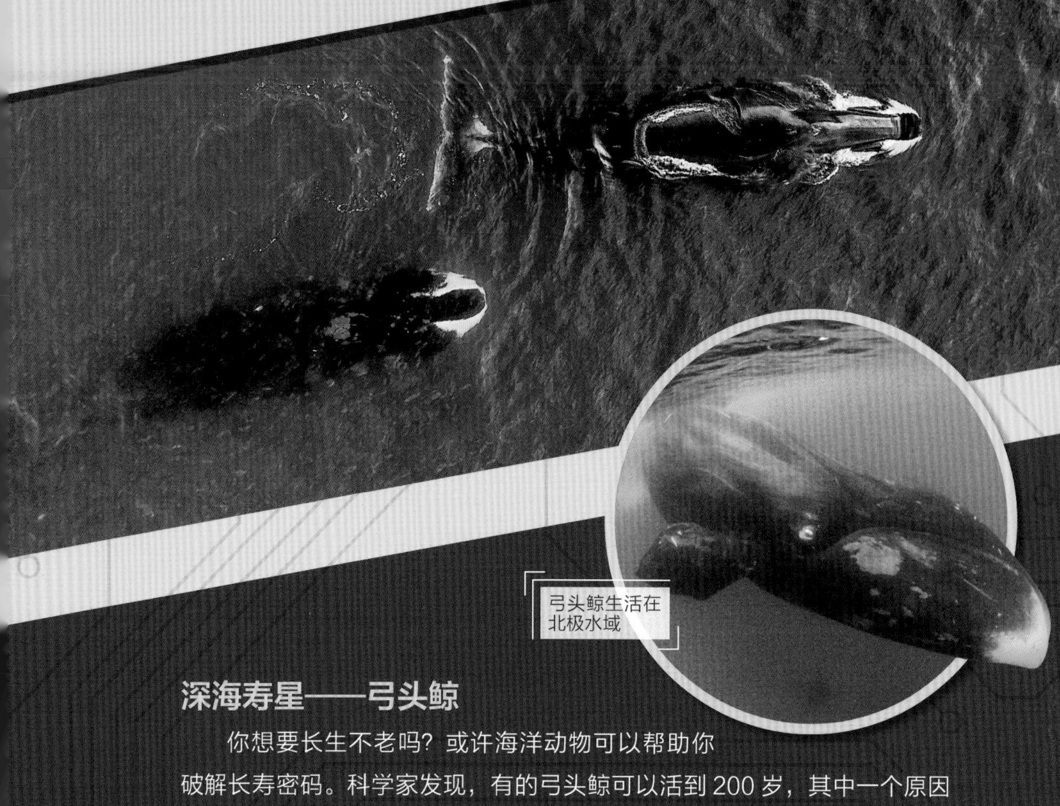

弓头鲸生活在北极水域

深海寿星——弓头鲸

你想要长生不老吗？或许海洋动物可以帮助你破解长寿密码。科学家发现，有的弓头鲸可以活到 200 岁，其中一个原因是它们不会得癌症。专家猜测，弓头鲸的体内可能存在一种抗癌基因。研究人员正在研究其整个基因组，以了解它们基因抗癌的机制。

基因收集员——吸血水蛭

另一种帮了科学家大忙的生物是吸血水蛭，它是生态学家的好伙伴，也是亟待保护的偏远雨林的“最佳代言人”。吸血水蛭可以储存寄主血液中的 DNA 长达数月之久，因此，科学家可以通过水蛭了解某一地区的哺乳动物的多样性。这一发现具有十分重要的价值，环保人士在当地发现的生物多样性越高，他们就越有可能说服政府对这片土地采取保护措施。想不到吧，这种小小的水蛭居然有如此神奇的力量！

水蛭生活在稻田、沟渠等处

尖端探险科技

科学技术日新月异，下面的这些技术就连克鲁兹和其队友都未亲身体验过。想象一下，如果以后你能带着它们去探险，那可真是太帅了！

可食用蔬果保鲜涂层

某公司研发出一种可食用蔬果保鲜涂层，它是由农产品的果皮、种子及果肉制成的，可以锁住水果和蔬菜的水分，同时隔绝空气中的氧气。有了它，易腐食品的保质期可以更长。

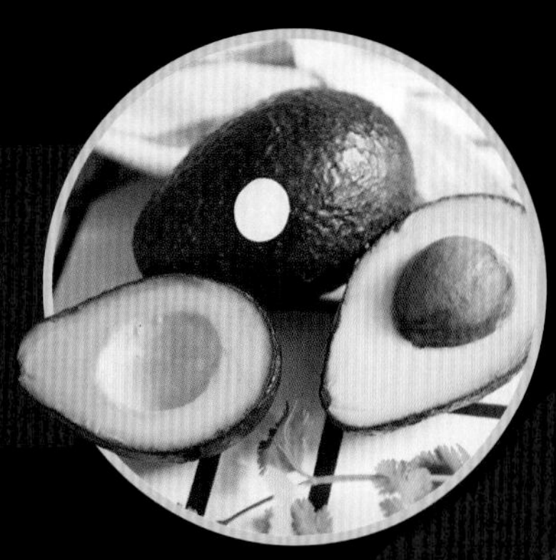

自给自足的微型菜园

芬兰科学家正在研发一款微型食物生长器，这种设备可以在一周内培育出“蔬菜水果”（实际是大量的“植物细胞”），且能够选择性地使植物中最有营养的部分生长。这些“蔬菜水果”看起来像是糊糊一样，但是吃起来十分美味！

蠕虫机器人

美国科学家参照蚯蚓身体的结构研制出一款蠕虫机器人。这款机器人可以挤进狭小空间进行测温和录音，在不久的将来还会具备摄像功能。除此之外，蠕虫机器人还具有强大的抗冲击能力，即使涅布拉的人狠狠踩它几脚，它也能照“溜”不误！

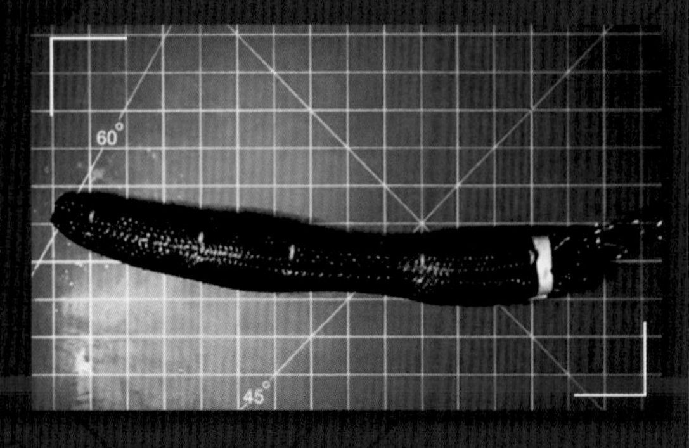

喷气式飞行背包

假如你要侦察地面情况，或快速逃离坏人的追捕，你可以试试这种喷气式飞行背包！这种背包可以让你飞到几千米的高空，且能保持数分钟。这种背包唯一美中不足的地方便是它的价格——一套高达 50 万美元。

“缟玛瑙（ONYX）”单兵下肢动力外骨骼系统

穿上这套装备，不管是爬山、跑步，还是举重物，你都会感到更加轻松。只需把它绑在腿上，它就会为你的下肢动作提供助力，并赋予你神奇的“超能力”。有了它，你难道还会害怕涅布拉吗？

第二章 训练及生存技术

动物间谍相机
——SHOT机器人（可移动软体感光观测机器人）

在探险家学院中的应用

方雄的助手范德维克博士向你们展示了一个圆形华夫饼状的透明物体。你按下遥控器，只见它变成了绿色，并开始像黏液一样伸展开来！它长出了茎和叶子，冒出了粉红色的芽，最后绽放出了花朵。原来这就是 SHOT 机器人，一种几乎可以伪装成任何植物的相机，它可以在野生动物毫无察觉的情况下进行跟踪拍摄。

在《探险家学院》第四部《星星沙丘》中，克鲁兹和伙伴们受命前往纳米比亚部署 SHOT 机器人。执行任务时，克鲁兹、亚米、赛勒和杜根偶然发现了两个身上有枪的偷猎者。正在他们一筹莫展之际，杜根提议，可以用 SHOT 机器人悄悄拍下偷猎者的照片。然而就在这时，他们发现一对濒临灭绝的穿山甲母子正向偷猎者走去，它们全然不知危险就在前方。幸好克鲁兹的蜜蜂机器人魅儿勇猛地冲了上去，在魅儿螫针的猛烈攻势下，偷猎者被降服了，而 SHOT 机器人拍下了整个过程。最后，穿山甲母子幸免于难，偷猎者也得到了应有的惩罚！

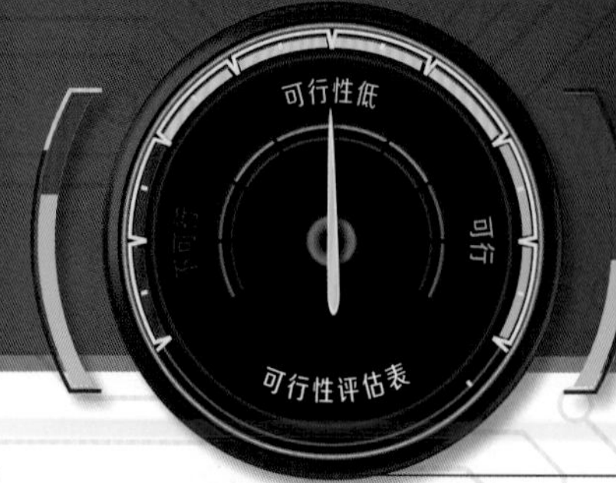

“SHOT 机器人”可行性评估表

在现实生活中的应用

一只熊猫宝宝颤颤巍巍地迈着步子，伸手去够树枝，却一不小心跌了一跤，滚到了一旁。它完全不知道自己第一次蹒跚学步的样子早已被镜头记录了下来，而镜头就放在它最喜欢吃的竹子里。

目前，已经有许多摄像机器人可以进行伪装，拍摄动物，例如，竹子相机就是用来拍摄中国山区里的熊猫的。还有的摄像机利用气味进行伪装。在非洲的塞伦盖蒂草原，就有一位摄影师把自己的遥控摄像机放进了粪球里。然后，他成功抓拍到了毫无戒心的大象、斑马、疣猪和河马。想看点儿不那么恶心的吗？也会有人在摄像机表面套上袋子，然后再把它滚到森林里，这样住在森林里的熊就不会发现它了。

不过，也不是每一台间谍相机都要藏在动物看不见的地方。人们也做了许多动物模样的机器人，如鬣狗机器人、鳄鱼宝宝机器人、黑猩猩机器人，它们可以引诱野生动物与其互动，而摄像机就装在这些机器人的眼睛里！

探险家想得到SHOT机器人的原因

SHOT机器人并非唯一可以用来阻止坏人的相机。“智能哨兵”是一种应用 AI 技术的监测设备，部署后不久，它就抓拍到了一个手持工具的猎人。公园管理办公室的工作人员一看到照片，就意识到这个人可能是偷猎者！几个小时后，这个偷猎者和同伙人赃俱获。

一位工作人员正在部署“智能哨兵”

无论何时，只要有物体经过，“智能哨兵”都会拍下照片。其配备的图像识别软件会对照片进行分析，如果识别出人类或车辆，“智能哨兵”就会向护林员发送警报。

偷猎是指人们捕捉动物，并贩卖它们的身体器官的非法行为。如今，偷猎现象十分猖獗，它是野生动物面临的威胁之一。所幸，“智能哨兵”一直在升级换代，希望偷猎者很快就会无机可乘。

“智能哨兵”拍摄的照片能够帮助公园护林员识别偷猎者

地球上 最安全的犀牛

犀牛是世界上面临威胁较严峻的动物之一。有些人认为犀牛角是“灵丹妙药”，因此偷猎者一直对犀牛角虎视眈眈。其实，犀牛角的主要成分为角蛋白，和人类指甲的成分没有明显的差别。

为了保护这些濒危动物，自然资源保护者与偷猎者斗智斗勇。例如，在犀牛角里安装跟踪器，甚至完全移除犀牛角。但这些方法都需要给犀牛注射麻醉药，不仅价格昂贵，而且对人和动物都存在潜在的危险。

于是，科学家转换了思路：与其追踪犀牛，不如追踪人。在南非一家犀牛保护区，入内的每辆车和每个人身上都要安装无线追踪器，并接受扫描。同时，公园里还安装了热感摄像机、磁传感器和电动报警围栏。数据显示，这些方法效果显著！短短一年半的时间，该保护区的偷猎行为已大大减少。

帮助偷猎者转变身份

很多偷猎者是因为缺钱才会选择偷猎。幸运的是，潜在的偷猎者正渐渐认识到，活犀牛也能为他们带来持久的收益——游客都希望能够看到健康的犀牛。另外，当地居民可以用当导游赚的钱养家糊口。

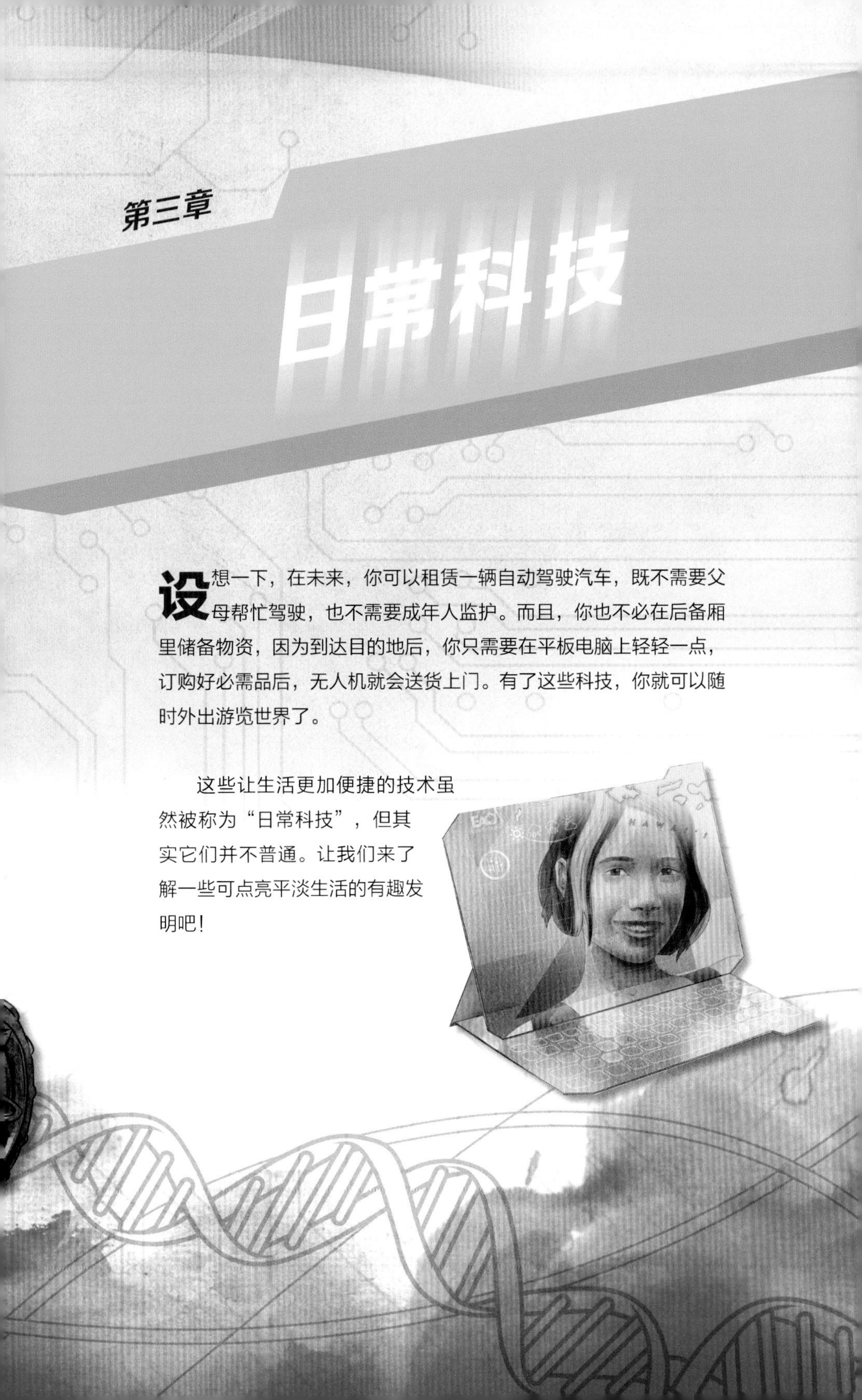

第三章

日常科技

设想一下，在未来，你可以租赁一辆自动驾驶汽车，既不需要父母帮忙驾驶，也不需要成年人监护。而且，你也不必在后备厢里储备物资，因为到达目的地后，你只需要在平板电脑上轻轻一点，订购好必需品后，无人机就会送货上门。有了这些科技，你就可以随时外出游览世界了。

这些让生活更加便捷的技术虽然被称为“日常科技”，但其实它们并不普通。让我们来了解一些可点亮平淡生活的有趣发明吧！

第三章 日常科技

蜜蜂机器人——魅儿

在探险家学院中的应用

只见它嗖地飞上天花板，然后俯冲到地面，在快撞到地面时又向上飞了出去。最后，它放慢飞行速度，稳稳地落在你的手中。这就是“微型飞行器”——魅儿，一台你可以使用语音控制的蜜蜂无人机！如果你说一句“魅儿，试着飞一下”，这个昆虫机器人就会闪动金色的双眼，示意自己已经接收到命令。接着，它就会嗡嗡地飞向一边，在你的卧室里表演一个“8”字飞行，还会顺便拍一些照片和视频。这个动作不但看起来很酷炫，而且在躲避涅布拉的追杀时也很有用。

在《探险家学院》第一部《涅布拉的秘密》中，为了躲避探险家学院里的追杀者，克鲁兹、赛勒和亚米慌不择路，气喘吁吁地冲进一间储藏室，整个狭小的空间里弥漫着一股酸黄瓜的气味。其实，这是毒气，而且克鲁兹和两位队友都被锁在里面了！此刻，他们唯一的希望就是魅儿，而它却远在克鲁兹的宿舍。由于在克鲁兹离家上学前，兰妮为魅儿重新编写了程序，让它可以接收到克鲁兹通过蜂巢形状的遥控别针下达的命令，因此即使是在1200 米远的地方，魅儿也能够回应。但是它会及时赶到吗?

在现实生活中的应用

魅儿是在电气工程师兼美国国家地理学会探险家罗伯特·伍德研发的无人机的启发下构思出来的。尽管伍德设计的蜜蜂机器人没有螯针，但有朝一日，他设计的这款昆虫大小的机器人也可以执行救援任务。目前，它们只能在身上拴着绳子，沿着简单的预设路线在空中盘旋或飞行。但是，充电技术的进步让这些蜜蜂机器人已经可以摆脱身上的充电线。伍德希望这些蜜蜂机器人最终可以进入人类难以到达或对于人类来说十分危险的地方，如倒塌的建筑物和化学泄露现场。他还希望这些蜜蜂机器人可以帮助寻找事故幸存者，收集救生信息。它们不用语音控制或操纵杆遥控是有原因的。伍德解释说："它们的速度太快了，人的思维和手根本反应不过来。"因此它们会自动飞行，使用热感式传感器等工具来寻找幸存者，而且，它们体内也预置了避免撞到墙壁的程序。

蜜蜂机器人一旦发现了目标对象，就会通过无线信号发回信息。

"魅儿"可行性评估表

蜜蜂机器人的研发

探险家档案：罗伯特·伍德

和很多小朋友一样，罗伯特·伍德从小就对机器人非常感兴趣。“我从小就是个好奇宝宝，爱拼乐高，爱玩遥控汽车。”伍德说，“我 5 岁时就有了自己的第一个机器人。读了研究生后，这个爱好更是一发不可收拾。”在研究生就读期间，电气工程专业的伍德了解到了一个机器人项目。“这就是蜜蜂机器人的前身。”伍德说。这个项目的所有零件都买不到，需要自己亲手制作，他对此十分感兴趣，因此参与了这个项目。

现在，伍德正使用你可能从未想过的材料研发新型机器人。“传统的机器人都是使用硬质塑料和金属制成的。”伍德解释道，他和自己的团队正在改变这一现状，他们研发的机器人叫“软体机器人”。制作这些机器人的材料都很柔软，相对于硬质材料做成的机器人，这种机器人在很多场合中的优势更加突出。

首先，软体机器人可以挤进某些空间，而不是只能绕着东西走。这种特性决定了它们可以应用于搜索和救援任务中。而且，它们还可以作为一些内科和外科的手术器材。“出于安全考虑，你可能不会希望与自己密切接触的机器人的外壳很坚硬。”伍德说。也就是说，你不希望它们会一不小心伤到你！伍德还参与研发了另一款可穿戴设备的原型：它可以检测到人们走路时的不良习惯，并提醒穿戴者纠正这个习惯！

手指机器人可以用于对深海珊瑚礁进行非侵入式研究

蜜蜂机器人的前景

也许有一天，蜜蜂机器人的微芯片“大脑”也可以借助深度神经网络（DNN）拥有学习能力。到那时，像魅儿这样的蜜蜂机器人一看到某个物体或到达某个地点，就可以迅速对其进行识别。深度神经网络的工作原理就像人类学习骑自行车一样。机器人每成功一次，就会“记住”，并不断重复之前取得成功的方法。如果失败，它今后就不会再尝试这种方法。深度神经网络的一个缺点就是有些机器人可能会因为失败而被损坏。

蜜蜂机器人的另一种潜在用途就是模拟真实的蜜蜂。蜂群崩溃综合征是指蜂巢中的大批工蜂突然消失，导致蜂巢中只剩下蜂王的现象。在世界上产量前 100 位的作物中，几乎有四分之三都是由蜜蜂授粉的，因此这种现象会引发严重后果。如果蜜蜂消失，许多营养极为丰富的水果和蔬菜也会从世界上消失，人类将难以生存。因此，研究人员建议让蜜蜂机器人充当授粉者，程序员也正在教它们如何像蜜蜂一样工作。

蜜蜂机器人的技术可以应用到新开发的微型机器人身上。这些机器人可以胜任人类无法完成的工作，如在喷气式飞机的发动机上爬行，以排查故障。“我们也一直在研究如何让微型机器人学会跳跃。”伍德说。试想一下，一只机器昆虫可以轻松跃上摩天大楼，找出建筑物中的结构问题，就像在说：请闪开，真正的“蜘蛛侠”要来了！

这款新型蜜蜂机器人的重量仅有 80 毫克

蜜蜂机器人和蜜蜂都停留在植物上

让人大开眼界的无人机

你对无人机最熟悉的功能可能还是在空中拍摄视频，但实际上，无人机能做的事远不止这些。

在训练任务中，如果你发现自己一不小心流落到荒岛，被困深山，或是在海上独自漂流，一台名为“小开膛手”的救援无人机可能会飞来救你！ 2018 年，它也是第一台从波浪滔天的海里成功营救出冲浪者的无人机！这台无人机可以运送很多救生设备，包括救生筏、保温毯、移动式除颤器（让心脏恢复跳动的设备）、急救包和食物，另外，它还配备了人工智能技术和摄像头，能够提醒游泳者注意附近的鲨鱼。

美国的一家科技公司研发的无人机操纵杆

无人机的高空侦察能力可以拯救更多生命。遇到灾难时，无人机可以在空中定位需要救援的人。也许有一天，无人机还能定位逍遥法外的罪犯，帮助警察追捕他们！

不过，并非只有在遇到麻烦时，才能得到无人机的帮助。正在研发的空中包裹投递系统可以让无人机在半小时内送达你的订单。而且，感知避让技术也能使无人机不撞到人和物体。当然，人们设计某些无人机只是为了好玩儿。世界上最小的摄像无人机可以连接无线网络，还能像魅儿一样在空中做出各种高难度的翻转动作。

无人机操纵杆及相关操作演示

平板电脑

在探险家学院中的应用

你小心翼翼地拿起一个只有贺卡那么薄的设备。你也许很难相信，这个轻薄的设备里装了和图书馆里一样多的书、大量的视频课和笔记，当然，它还能收发电子邮件。平板电脑嘀的一声，宿舍管理员泰琳·瑟克利夫就出现在屏幕上。“如果收到此消息，就表明你的团队被选中要去执行一项重要任务。”她说，“请立即到三楼会议室报到。”你兴奋地点开屏幕，眼前就出现了一张指引你前去的地图！

无论去哪儿，克鲁兹都会带上他的平板电脑：他会用它记录线索，以便后续使用；搜寻隐藏的石片时，他会用它和玛莉索姑姑联系；和与他相隔万里的好朋友兰妮沟通时，更要靠它。在《探险家学院》第一部《涅布拉的秘密》中，平板电脑也差点儿害克鲁兹被探险家学院开除。一个黑客篡改了“洞穴”的程序，降低了库斯托队的任务难度，后来，大家发现黑客是通过克鲁兹的平板电脑入侵“洞穴”的。这个小小的装置可以影响“洞穴”的虚拟环境。可是，克鲁兹知道自己不是黑客，他准备找到罪魁祸首来洗刷自己的罪名。幸好，探险家们并没有放弃他！

“平板电脑”可行性评估表

可折叠手机

在现实生活中的应用

如今的平板电脑已有了很多用处，它囊括了克鲁兹的平板电脑的大部分功能。现在的平板电脑配备触摸屏，可以拍照、看视频，有的甚至还有面部识别功能。但是，它们还没有像贺卡那么薄。

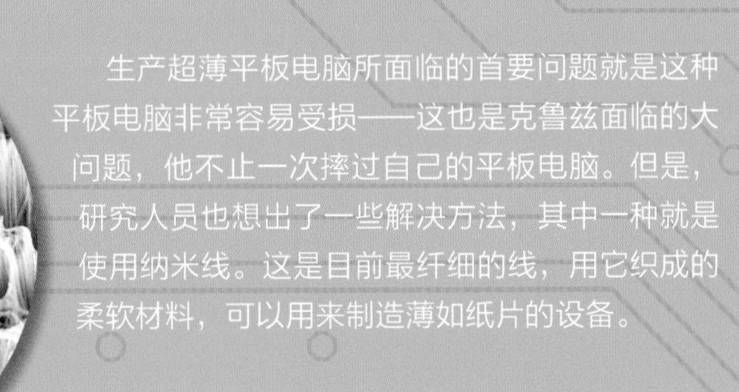
通过电子显微镜观察到的纳米线的内部构造

生产超薄平板电脑所面临的首要问题就是这种平板电脑非常容易受损——这也是克鲁兹面临的大问题，他不止一次摔过自己的平板电脑。但是，研究人员也想出了一些解决方法，其中一种就是使用纳米线。这是目前最纤细的线，用它织成的柔软材料，可以用来制造薄如纸片的设备。

如今，一些相关的可折叠设备已经问世，如可以缠绕在手腕上的手机或可以像折纸一样展开的手机。这些手机的屏幕可以弯曲，是由柔性材料制成的。

好消息

在不久的将来，平板电脑的摄像头也会相当棒。或许将来的平板电脑可以像某些虫子的眼睛一样，使用多组镜头同时拍摄，然后合成一张拍摄面积更大的照片！

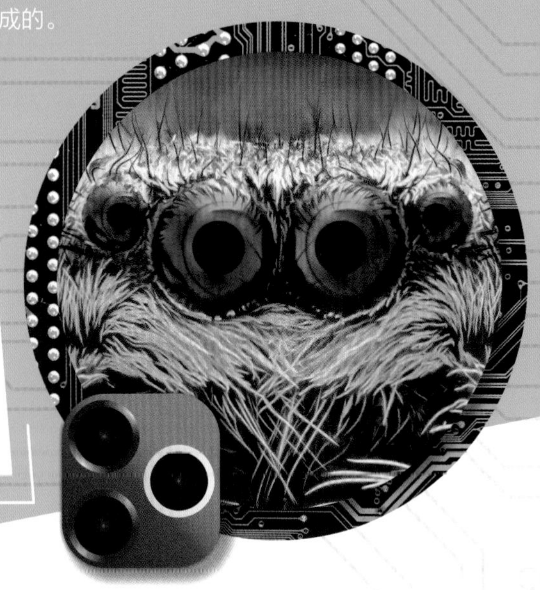

第三章 日常科技

自动驾驶汽车

在探险家学院中的应用

你从“猎户座号”上下来，就进入了一辆没有司机的汽车。你在心里犯嘀咕：会是什么样的任务呢？毕竟你连驾照都没有。你坐进车内，车载电脑发出这样的声音：“欢迎使用自动驾驶汽车，您的目的地已经预设为迪纳利国家公园。”这时，你才意识到这辆车原来是自动驾驶汽车！汽车缓缓开下路肩，行驶到公路上，你透过 GPS 太阳镜欣赏沿途风景，拍了一些脑控照片，然后向后一躺，合上双眼。醒来时，空气中弥漫着寒意，轮胎压过积雪，发出嘎吱的声响，迪纳利国家公园的白色雪峰就伫立在眼前。

在《探险家学院》第四部《星星沙丘》中，一天晚上，克鲁兹没有告诉任何人就偷偷钻进了自动驾驶汽车。他根据妈妈留下的线索，出发前往纳米布沙漠。但是，就算是自动驾驶汽车也并非万无一失。涅布拉派了一辆卡车，跟着克鲁兹的自动驾驶汽车，差点儿把克鲁兹赶下公路，克鲁兹被吓坏了。尽管自动驾驶汽车结构受损，但它经过自我评估后，仍可安全行驶。这项技术竟然还能救命！

“自动驾驶汽车”
可行性评估表

自动驾驶的电力巴士

在现实生活中的应用

自动驾驶汽车

嘀——嘀——有了自动驾驶汽车，随时想走就走！在不远的将来，你在某些城市只要打开“慧摩”应用程序，一辆自动驾驶汽车就会跑到你的面前。与人类驾驶相比，自动驾驶汽车发生交通事故的可能性更小。“慧摩”汽车会使用传感器和软件来监测行人、其他车辆和周边的物体，并根据行人、车辆运动的速度和方向来预测其运动的轨迹。不仅如此，“慧摩”汽车还可以识别交通信号灯的颜色、铁路道口的闸门和停车标志。而且，它可以感应各个方向，感应的范围也很大。

自动驾驶巴士

如果不是一人一车，而是使用自动驾驶巴士呢？在某些城市，这些巴士已经出现在马路上了。在一些机场，你可以搭乘某种自动驾驶的电力巴士或电力出租车。在美国马里兰州，你可以乘坐迷你自动驾驶汽车“奥利”，让它推荐一个用餐的地方，告诉你天气情况或给你讲个笑话。“奥利”可以轻松完成这一切，只是它无法保证一定能逗笑你。

自动驾驶货车

如果你没有准备好乘坐自动驾驶汽车的话，你也可以叫一辆自动驾驶汽车来“见”你。有些超市已经开始使用一种可以进行往返送货的汽车了，这种车一次最多可以运送 20 多包货物到你家门口。让我们来体验一下这种服务吧！

自动驾驶汽车

科技简介：自动驾驶汽车——未来智能交通系统

使用自动驾驶汽车的世界会是什么样的呢？某些专家预测，到那时，由车祸造成的死亡人数将下降 90%。而且，那时很少有人会买车，因为我们可以预约自动驾驶汽车，让它提供出行服务。更棒的是，你也无须再去寻找停车位——你下车后，汽车就会自己找地方停下。

更安全的十字路口——汽车能自动停车。

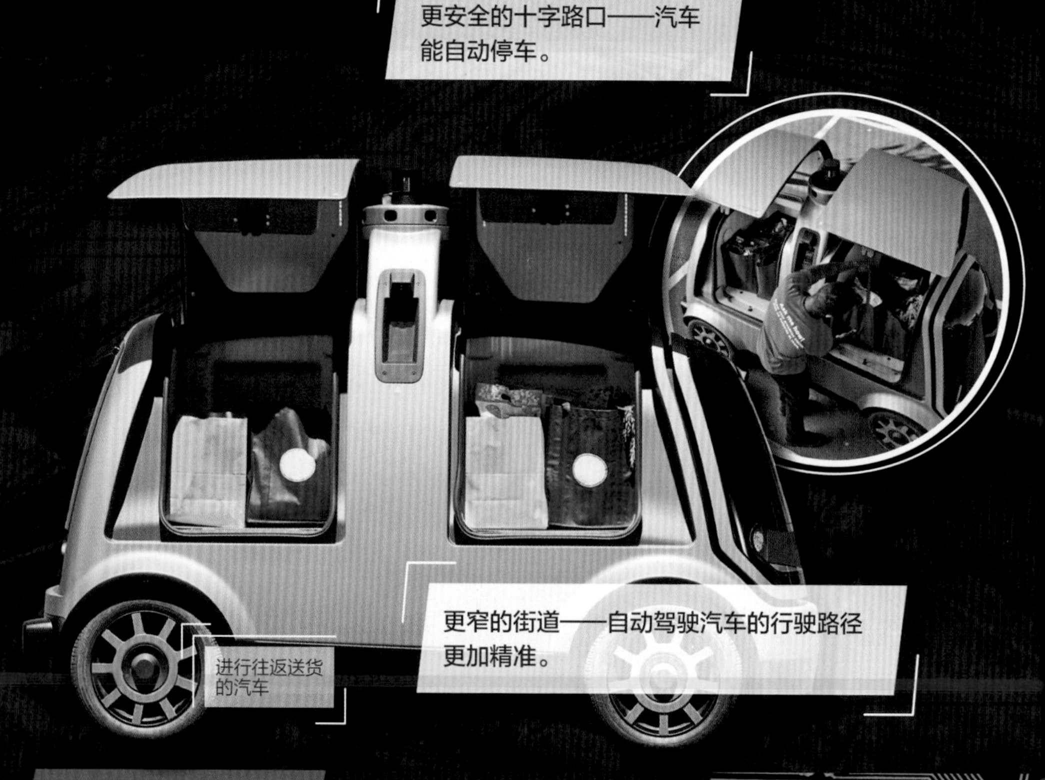

更窄的街道——自动驾驶汽车的行驶路径更加精准。

进行往返送货的汽车

有了这种汽车，你可能就不会介意较长的乘车时间了，因为你可以在车上吃饭、睡觉或做别的事情，老人和小孩都不需要专门有人载他们去目的地了！

未来的交通工具

三——二——一——启动！未来的交通工具在速度、载客量和其他方面都要更加优越。请系好安全带，与我们一起出发吧！

超级高铁

被称为“运输舱”的乘客舱被装在一条管道中，管道沿途装有大功率磁铁，用以抬起舱体，让舱体悬浮起来以减少摩擦。因为管道与舱体之间的大部分空气都被排出了，所以舱体所受的阻力较小，能以超快的速度运行。

超音速喷气式飞机

在未来，这种针形飞机将打破音速的壁垒。有了它，你就可以快速飞往世界各地，而且还能早点儿回家，免受时差的困扰！

可重复使用的火箭

如今，太空旅行费用高昂的主要原因就是火箭只能使用一次。而可重复使用的火箭在发射完成后仍可继续使用，这种可循环利用的方式对环境十分有利——这也意味着可能有一天，你也能支付得起去火星的费用了！

美国太力（Terrafugia）公司研发的飞行汽车

按下按钮，这款双座汽车就可以变形成飞机。它只使用普通汽油，也可以放进家里的车库，不用停在机场。当然，车内也同时配备了安全气囊和降落伞。

自动锁止轮椅机器人

这种机器人可以将乘坐轮椅的人固定在公共交通工具里。按下按钮，机器人就会在很短的时间内固定好轮椅。

第三章 日常科技

安保技术
——亚米的安保系统和方雄的黑客追踪器

在探险家学院中的应用

刚结束体适能与求生训练课，你的平板电脑就响了。原来是有人入侵了你的宿舍！你匆匆爬上楼，心里在想，是谁触发了藏在书架上的运动探测器和红外传感器？回到房间，你发现所谓的入侵者其实是泰琳的宠物狗哈伯德！“你是怎么进来的？”你问道。尽管这只穿着格子夹克的小狗不会说话，但它嘴角的食物碎屑已经说明了一切。你以后再也不会把午餐单独放在桌上了！

对克鲁兹而言，网络安全是一件大事。在《探险家学院》第一部《涅布拉的秘密》中，克鲁兹的平板电脑就被他信任的同学“黑”了。在《探险家学院》第二部《猎鹰的羽毛》中，涅布拉闯进克鲁兹的房间，把房间翻了个底儿朝天。这次，克鲁兹的室友亚米设置了一些安保措施，他在房间里装上了运动探测器、热传感器和红外激光，甚至还有伪装成贝壳的摄像头。但是，涅布拉后来还是成功“黑”进了克鲁兹的潜水头盔，这害得克鲁兹差点儿被淹死！因此，方雄做了一个黑客追踪器想揪出幕后真凶。不过，克鲁兹明白，即使网络安全措施做得再完美，心存不轨之人也是防不胜防。

可行性低

可行

可行性评估表

“安保系统”可行性评估表

在现实生活中的应用

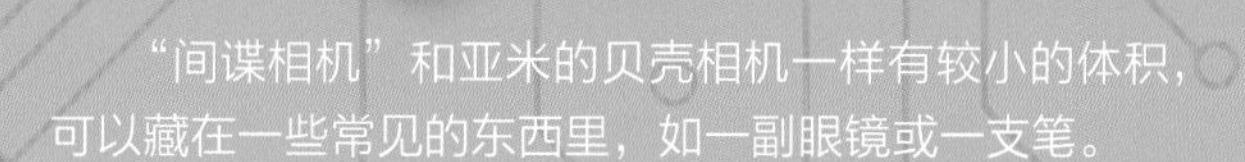

“间谍相机”和亚米的贝壳相机一样有较小的体积，可以藏在一些常见的东西里，如一副眼镜或一支笔。

运动传感器也是真实存在的。超声波运动传感器可以发射人类无法听见的超声波，这些超声波在传播过程中遇到人或物体时，就会触发警报。

热运动传感器是通过体温而非声音进行触发的。所有物体都会释放红外辐射，温度较高的物体（如人体）的红外辐射也较强，热运动传感器就是监测这种突然增强的红外辐射的。

光学运动传感器需要光线激活。它们会投射出像激光一样、肉眼无法看见的光束。如果有东西穿过光线，警报就会响起。哈哈，终于逮到你了！

黑客追踪器的工作原理

方雄利用一个自动黑客追踪器来找入侵她电脑系统的人。在现实生活中，有一个组织专门查杀黑客发明的病毒和“恶意软件”，协助警方抓捕黑客。该组织不放过任何蛛丝马迹，如果一段代码的语言风格突变，那就十分可疑了。

有一个该组织破解线索的有趣案例。一个黑客在代码中使用了不同于美国风格的笑脸，后来，该组织发现这种笑脸具有东欧风格。根据这条线索，警方终于锁定了这个黑客，并对其实施了抓捕！

“黑客追踪器”可行性评估表

银行、商店和网站都很容易受到黑客攻击。网站规模越大，其蕴含的价值就越大——因为里面充满了个人信息，黑客可以兜售这些信息或利用这些信息获取用户的银行账户和信用卡卡号。想一想，涅布拉会怎么利用探险家学院学生的信息数据库吧！

幸好，有一些人人都可以掌握的保护个人信息安全的方法。首先从密码说起，如果你得到了父母的许可，要上网注册账户，最好避免使用轻易就可以获取的短密码。通常，你能简单记住的密码也很容易被黑客破解，如出生日期，街道名称，家人、朋友、宠物的名字，甚至是你喜欢的角色的名字都很容易被黑客猜到。

然后，如果程序询问是否要使用多种方法认证身份，请选择“是”。这就意味着，你在登录时，你父母的手机或电子邮箱也会收到一条验证码，输入这个验证码后，你才能进入各个网站或应用程序。输入验证码也许会延长你的注册时间，但也会延长黑客的破解时间。

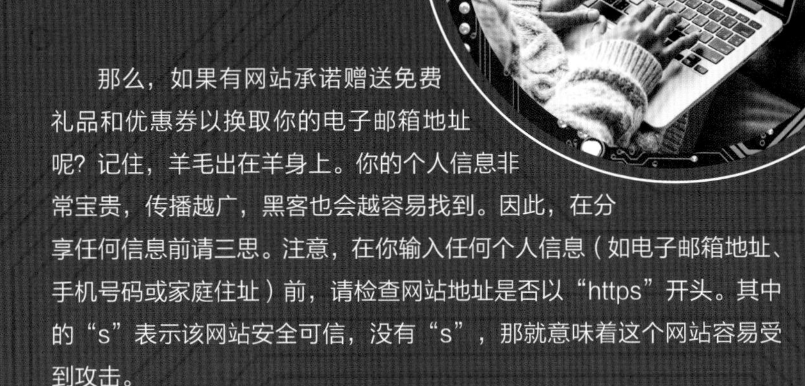

那么，如果有网站承诺赠送免费礼品和优惠券以换取你的电子邮箱地址呢？记住，羊毛出在羊身上。你的个人信息非常宝贵，传播越广，黑客也会越容易找到。因此，在分享任何信息前请三思。注意，在你输入任何个人信息（如电子邮箱地址、手机号码或家庭住址）前，请检查网站地址是否以“https”开头。其中的“s”表示该网站安全可信，没有“s”，那就意味着这个网站容易受到攻击。

千万不要点击

一次错误的点击就可能帮黑客打开关于你的数字之门，以下是需要避免的事情：

> 不要点击一些诱人的小测试，因为它们可能会悄悄收集你的个人数据。有些测试的制作者甚至可以抓取你的好友列表，盗用你的账户，或者向你发送恶意软件。

> 不要随便下载应用程序。有时候，恶意软件甚至会和这些应用程序一起让事情“雪上加霜”。如果某个应用程序没有收到太多好评，或者不是你信任的朋友推荐的，就不要安装它！

> 如果你收到了一封陌生人发来的匿名邮件，尤其是里面包含附件的，不要打开这封邮件，并且一定要告诉家长。这可能是黑客发来的“神秘包裹”——恶意软件。

第三章 日常科技

热成像技术
——兰妮的手电筒

在探险家学院中的应用

在《探险家学院》第三部《双螺旋》中，当兰妮在夏威夷深入险境时，克鲁兹正心惊胆战地盯着自己的平板电脑屏幕。兰妮走进一个克鲁兹禁止她去的废弃工厂，涅布拉可能就在那里！但根据克鲁兹提供的线索，他失踪的爸爸可能也在那里。兰妮虽然口头答应不会去，但她最终还是没有信守承诺。

兰妮带着她的最新发明走进了工厂。这个发明长得像一支手电筒，她凭着自己过硬的技术，给它加了一个升级版的超级充电器和一个超灵敏热成像仪。如果过去 24 小时之内有人触摸过这里的任何东西，这个仪器就会显示出来。

突然，兰妮发现了什么！是两个被绑成了“X”形的银器，而捆绑它们的东西却令人难以置信：那是克鲁兹爸爸的项链。很不幸，这种手电筒并没有类似章鱼球那样的防御功能，就在那时，有人来了，克鲁兹平板电脑的屏幕霎时变黑了！

“热成像技术”可行性评估表

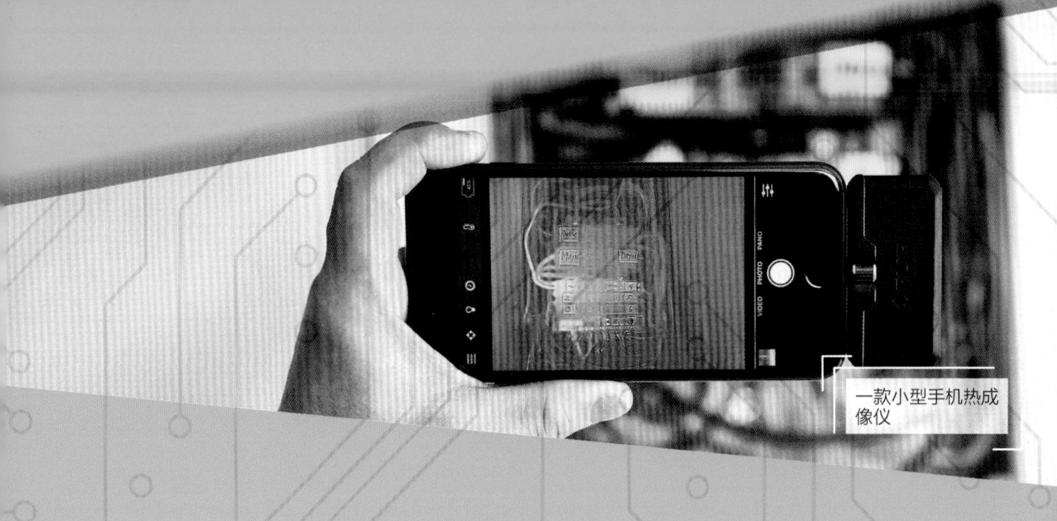

一款小型手机热成像仪

在现实生活中的应用

热成像技术早已问世，现在甚至还有内置的、类似兰妮手电筒的手持式热成像仪。所有生物都会辐射红外线，但人类仅凭肉眼无法看到，必须借助仪器。热成像技术的原理就是检测红外线。热成像仪可以在黑暗或烟雾中，甚至隔着毛毯探测到红外线。热成像技术与你听说过的夜视技术不同。夜视技术是增强周围的光线，但不能在完全黑暗的环境里运用。

相比之下，热成像仪会扫描我们看不见的红外线，生成一种图像。在热成像图上，物体会呈现多种颜色。

无论你选择哪种技术，在黑暗中看东西都很方便。探险家可以在不打扰熊的情况下，观察熊在洞穴内的生活；研究人员可以在人群中找出发热患者，锁定疫情范围；你甚至可以在黑暗中找到丢失的宠物。

在探险家学院中的应用

你把一颗紫色胶囊捧在手心，然后攥紧拳头。胶囊慢慢晃动，表示已经准备就绪。你闭上眼睛，回想起之前与队友一起度过的美好时光——征服了刺激的障碍赛道，解开了泰琳的谜语——你不想忘记其中的任何细节。现在，你终于如愿以偿了，时间胶囊刚刚记录下了你的这段记忆，你可以随时重温它了！

在《探险家学院》第二部《猎鹰的羽毛》中，通用鲸语翻译器头盔被黑客入侵，所以方雄准备弃用这个头盔，但克鲁兹想改变她的想法，于是用时间胶囊向方雄展示了他救助鲸时的记忆。如果你给方雄看一段能让她继续发明研究的记忆，结果将会怎么样呢？

"时间胶囊"可行性评估表

在现实生活中的应用

可以直接从大脑中提取并上传记忆的计算机尚未面世，但它已在研制中。全脑仿真就是人们正在研究的一种可上传记忆的技术。全脑仿真会制作一个和大脑完全相同的软件副本——基本上就是创造一种你曾经思考、感受和体验过的一切事物的备份驱动。

一位学生正戴着记录脑电活动的脑电图仪

尽管听起来很疯狂，但是科学家的确已经成功在蜗牛之间转移了记忆。在一项研究中，研究人员对一组蜗牛的尾巴进行了轻微的电击。它们每次感受到电击后，就会收缩身体。将这些受过训练的蜗牛的神经组织遗传信息“注入”另一组未受训练的蜗牛体内，这些未受过训练的蜗牛就会做出像受过训练的蜗牛一样的反应！

虽然确定人体储存记忆的位置十分重要，但许多科学家对此却莫衷一是。一旦确定好了储存记忆的位置，记忆就会变成一种强大的治疗工具。医生或许就可以改变病人痛苦的记忆，减少创伤后的应激障碍，或者让大脑更容易获取积极的记忆。这有点儿像是现实生活中的“时间胶囊”。

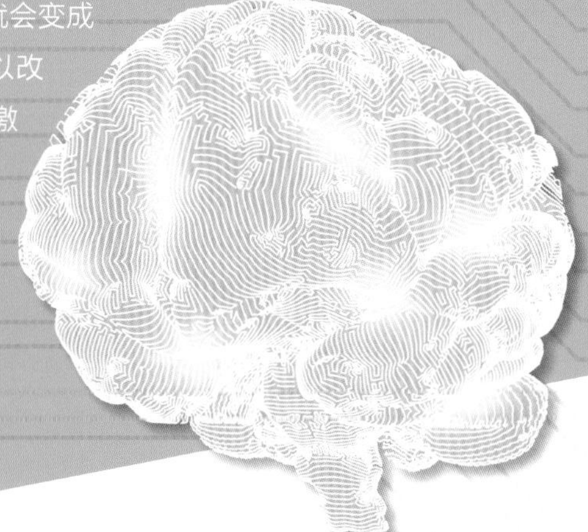

未来大脑

换脑术

如果不是储存或替换单一记忆，而是把原先的大脑转换成一个电脑版本的大脑，那会发生什么呢？这才是真正意义上的“改变”思维！

科学家正在从事相关研究，第一步就是要研发出像时间胶囊一样能帮你回忆起一切的可移植记忆的芯片。这种技术可能在考试前很有用，这样你就可以记住大量知识了！

脑部扫描图

如果替换整个大脑呢？

有些神经学家把移植大脑比作移植假体。如果你可以更换磨损的髋关节，那为什么不能更换大脑呢？毕竟，更换后的髋关节可以让你觉得浑身舒畅，而更换的大脑可以让你在失去身体后继续存活很久。事实上，你可以把大脑的副本上传到新的身体里，以实现“永生”。有些科学家认为，这几乎是不可能的。但如果真的能实现，你就可以定制自己的身体了。例如，你可以长出一条美人鱼的尾巴，顶着一个独角兽的角。而且，你还可以定制自己的脑袋，当你把包含外语或一套舞蹈动作的资料库“上传”到脑中，你就可以瞬间拥有新技能。

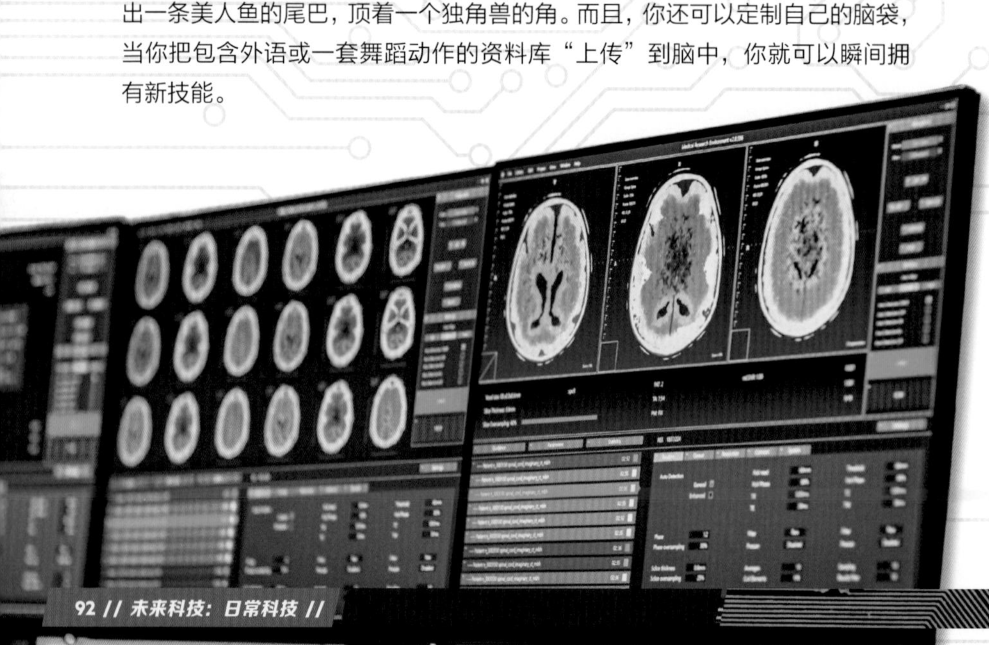

自由自在地思考

如果你的新大脑不再需要身体，只需一台电脑维持即可，而且你批准任何人都可以进入这台电脑，那么，生活在未来的探险家就可以与你合作了！我们将拥有更多时间来解决世界上出现的问题，这就意味着我们最终将攻克地球上最艰难的挑战。

那么，我们离复制大脑还有多远呢？其实，我们还差得很远。但是，那些研究世界趋势、预测未来发展的科学家认为，这只是时间问题。

你将如何处理下载的记忆

如果你可以像浏览照片一样浏览记忆，你会怎么办呢？

- ☐ 删除不喜欢的记忆
- ☐ 证明你没有记错事情
- ☐ 和朋友交换记忆
- ☐ 把记忆变得更美好
- ☐ 购买他人精心设计的记忆，例如，和名人一起逛街、狩猎或旅行
- ☐ 捐给失去记忆的人
- ☐ 作为礼物，将其送给家人和朋友

第四章 革命性技术

有时候，一项发明的出现会改变人们对世界的看法和体验。在无线网络出现之前，人们很难想象电话不用连接电话线，或者除了航空邮件与电话之外，还有其他可以与国际友人联系的方式。然而现在，我们不论度假还是出行，都能随时随地与他人取得联系。

革命性技术彻底改变了事情的运转方式。例如，你不用继续在屏幕上玩电子游戏，而是可以走进“洞穴”，使用增强现实技术来和出现在半空中的全息影像一起玩耍；借助可编程材料，类似克鲁兹妈妈的日记那样的物品也可以在你眼前瞬间改变形状；甚至农场也有可能被类似“猎户座号”上的那种高科技温室所取代！

有了革命性技术，准备好换个角度看待事物吧！

一种虚拟现实驾驶游戏

虚拟现实、增强现实与混合现实——“洞穴”

在探险家学院中的应用

你走进一扇标着“洞穴”（计算机动画虚拟体验中心）的门。几分钟前，这里还是一个空旷的房间，但是现在，这里已经变成了一片开阔的露天森林！一只蝴蝶停在你的手上，让你觉得有些痒。微风轻拂，阳光照在脸上，暖暖的。然而，这一切都是假的。这些都是通过气候控制、3D 打印和全息影像模拟出来的。当你触摸全息影像时，它会根据你的体温给你回应，让你觉得你真的触摸到了东西！

在《探险家学院》第一部《涅布拉的秘密》中，克鲁兹被带进“洞穴”接受新生训练。他听见了低吼声和雷声，然后他感觉到身后隆隆作响，一团灰尘笼罩着他。是一群狂奔的牛羚！克鲁兹的大部分队友都趴在地上或跑开了，结果他们发现没什么好怕的：灰尘是从通风口里吹进来的，声音是从扩音器那里传来的，而牛羚也都是全息影像。不过，“洞穴”里的事物并非都是虚拟的。在一次任务中，克鲁兹体验了一把“混合现实”。“洞穴”内的移动布景组成了一帘高高的瀑布，克鲁兹曾不得已跳下瀑布，但他没有真的掉进水里，而是落到了一块缓冲垫上！

“洞穴”并不是克鲁兹和队友体验混合现实的唯一途径。他们还有一种头盔——当他们在障碍赛道上奔跑时，头盔里会突然闪现出物体。这个头盔就像“洞穴”一样可以让人体验多种环境！

在现实生活中的应用

有些公司已经制造出了可以在你眼前展现机器人、动物或整个环境的三维影像眼镜。有了这种眼镜，你就能看见一只小猎豹坐在你的办公椅上，或者一只翼龙在吊扇旁飞来飞去。一家美国公司已经制造出了可悬浮在空中的虚拟电脑屏幕，它可以朝 4 个方向播放节目。这家公司甚至开发出了可以跟随你的目光，与你交谈的虚拟人。

每家公司制造的眼镜的工作方式都不太一样，但它们都使用镜头来生成三维影像。这些镜头将房间里的自然光和数字化的图像结合起来，把它们同时送到你的眼前，让你以为自己看见了三维影像。眼镜中配有摄像头，它可以拍下现实世界，这样全息影像就会出现在程序设定的位置上。这种眼镜还可以识别角落、大门，然后在环境中设定“标记”，精准投射电脑图像。

“洞穴”可行性评估表

虽然你无法像在探险家学院里一样“触摸”到虚拟现实创造的图像，但你可以去具有声音、风和其他感官效果的虚拟现实游乐园体验一下。

增强现实与混合现实

在不远的将来，“洞穴”将不再是体验虚拟现实的唯一途径。在虚拟现实游戏竞技场上，你可以戴上头盔，拿起模拟武器的设备，走进竞技场和其他玩家一竞高低！如果你不喜欢嬉戏打斗，也可以去欣赏一场虚拟现实戏剧表演。美国艾奥瓦大学的师生共同创作了一部戏剧，观众穿戴好虚拟现实设备，即可与演员互动。

一位观众正在美国国家地理学会的活动现场体验虚拟现实技术

你更想当观众？那你可以坐回座位，让虚拟现实来到你的眼前。美国国家地理学会总部举办了一系列虚拟现实活动，观众只需戴上设备，便可打破时间与空间的限制，去往自己想去的地方。

虚拟现实技术在日常生活中也十分实用。谷歌公司正在研发一个具有全新导航功能的应用程序，确保你不会忘记转弯。你在走路的时候，只需举起手机，将其对准现实世界，这个应用程序就会显示一个箭头，准确指向你要去的地方。因为是在实景中进行标注，所以这种方式被称为“增强现实”。这与书中的 GPS 太阳镜也相差无几了！

在艾奥瓦大学，师生使用虚拟现实头戴设备创作戏剧

扩展现实

近几年，出现了一个新的名词：XR（扩展现实），它包括增强现实、虚拟现实和混合现实，以及一些尚未被发明的、将真实场景与虚拟内容相融合的技术。将来，扩展现实技术会无处不在。

今明两天，你要接连参加在新加坡和美国圣迭戈举办的两场聚会？也可以，但就是时间有点儿紧张。如果通过扩展现实聚会，你只要戴上头盔就可以瞬间到场！更好的是，各种身体素质的人都可以参加，他们不会受到任何旅行障碍的困扰。

想重新布置房间，却又不想拖着家具四处移动？也许你可以戴上扩展现实头盔，看一看改变后的布局。而且，你也可以不用真正打扫房间，就能让它井井有条——只要让你的父母在进门前戴上扩展现实头盔即可！

扩展现实还有一些重要用途。这项技术可以在病人的皮肤上投影出身体的内部构造，协助外科医生进行手术。外科医生还可以利用远程技术，为远在其他国家的病人实施手术。

虚拟现实的妙用

你也许能想出虚拟现实的许多用途，但我们打赌你猜不到下面这些。

果蝇游戏

你知道这些徘徊在水果盘间的小虫子的学名叫“黑腹果蝇”吗？好吧，其实它们也很喜欢虚拟现实。在一项科学研究里，研究人员就让果蝇玩了一次虚拟现实游戏。尽管听上去很傻，但是实验证明它们可能真的会玩儿！科学家观察了这些昆虫的大脑活动后，发现它们竟然在思考下一步的行动，而且，这些果蝇的游戏能力有强有弱。研究结论表明果蝇可能有自我意识，这也意味着它们的自我意识比人类知道的要多得多。

克服昆虫恐惧症

很多人都害怕昆虫。现在，这些人可以与虚拟的昆虫四目相对，来克服恐惧感了——以安全的方式和虫子互动似乎可以减少恐惧感。而且，你不必担心被虫子咬。

“在野外旅行时”带着蟑螂

要研究蟑螂的大脑活动，这可能需要在实验室里进行。要是自由散养，可能会弄丢它们，而且还会吓坏实验室里的伙伴。但是，科学家已经找到了一种方法，那就是使用虚拟现实技术，在“虚拟森林”中研究它们。现在，在接受研究时，蟑螂可以在虚拟森林中漫步，同时，研究人员可以追踪它们在近乎真实的环境中的反应。

挺过“黑色星期五”

假日高峰期是商店新入职的店员面临的挑战之一。按下进入键，虚拟现实版的“黑色星期五”就会出现！某商店正通过虚拟现实模拟器来培训员工应对狂热的节日气氛和混乱的货架。当店员和虚拟现实模拟器互动时，大屏幕就会显示他看见的东西，这样没戴头盔的其他店员也可以观摩学习。

学会走路

在美国杜克大学的一项研究中，一组截瘫病人志愿者戴上虚拟现实头盔，体验虚拟足球赛。所有 8 位志愿者都在不同程度上恢复了对腿部的控制——有些志愿者甚至对腿部的控制能力明显增强！研究人员发现，志愿者戴头盔的时间越长，恢复身体控制能力的可能性就越大。未来，也许会有更多志愿者通过网络参与其中。

4D打印
——彼得拉的日记

在探险家学院中的应用

在《探险家学院》第一部《涅布拉的秘密》中，在克鲁兹就快被涅布拉的卧底杀死的一瞬间，一张纸片救了他。就在卧底向克鲁兹发射激光前，这个看起来像书签的东西自己动了起来，折叠成了一个结构复杂的尖角球体。卧底见此十分惊奇，因此放下了武器。

球体上的一个尖端出现了一道淡橘色光芒，扫描了一下攻击者——没有发现目标人物。这个球又转过来扫描了一下克鲁兹。这时，克鲁兹妈妈的三维影像出现了。妈妈开始对他说话。她说，这张自动折叠的纸片其实是她的秘密日记，里面的内容可以指引克鲁兹找到她发明的、可以根治疾病的血清配方。克鲁兹每找到一块石片，日记就会解锁下一条线索。但是，每次寻找石片的过程都伴随着危险。而且，妈妈劝克鲁兹要仔细考虑好是否接受这项任务。克鲁兹没有丝毫犹豫，毕竟，血清配方是妈妈毕生的心血，找到血清配方是克鲁兹现在最重要的任务！

“彼得拉的日记”可行性评估表

在现实生活中的应用

美国国家地理学会的探险家斯凯拉·蒂比茨和其他科学家正在研发可以自动折叠的材料。蒂比茨是美国麻省理工学院自我组装实验室的创始人和主任，同时也是 4D 打印的发明者。4D 打印的第四维是指物体在制造出来后，其形状或性能可以自我变换。

温度、压力、水、电力和光照等都可以引发变化。蒂比茨的首个 4D 打印发明就是一种吸水材料，这种材料可以通过编程在潮湿环境下变成多种形状。这种变形不仅看起来很有趣，而且有可能节省大量制造时间。

4D 打印的绳子自动变形成立方体

蒂比茨和团队又继续研发了另一款产品。“这是一种弹力纺织材料，”蒂比茨说，“这种弹性材料可以‘储蓄能量’。”因此，这种材料可以瞬间变形成鞋子的样子。

蒂比茨表示，把他的这些发明称作“可编程材料”或许更准确。“我们选择打印，是因为我们还没有想出其他办法。”蒂比茨说。或许有一天，这种技术也可以用来制作自动成形家具，甚至替换我们身体的某些部位（如人的心脏瓣膜）。蒂比茨的团队也在研究能自动成形的纱线和纺织品。也许，探险家学院的制服在不远的将来就能成为现实！

4D打印技术和可编程材料的发展

可以变形的日记非常有趣，但是还有更加不可思议的事情：4D 打印产品可以改变我们的生活。以下是 4D 打印技术和可编程材料的一些应用领域。

呼吸道支撑器

美国密歇根大学 C.S. 莫特儿童医院的医生研发出了一种 4D 打印的呼吸道支撑器，来帮助患有严重呼吸道疾病的婴儿。这种细小的支撑器可以保证婴儿的气道一直处于扩张的状态。随着婴儿逐渐长大，这个支撑器会不断扩张，直到孩子能够独立呼吸。

自动调温纤维

如果你曾经坐在一架闷热的飞机里汗流浃背，你就会体会到空客公司研发的可编程碳纤维的好处了。这项发明还能维持舱内气压，使人们可以在飞机内更舒适地呼吸。

自动变形管道

洪水来临，大量水涌进下水道，管道面临巨大压力，甚至可能会破裂。可编程管道可以根据水流强度，调整管道直径，从而解决这一问题。遇到地震，管道还可以通过编程变弯曲，而不会破裂！

工厂里的起重机

自动组装材料

如果材料自己能动，那又何必人们亲自上阵呢？工程师正在研究可以自己组装成房屋的材料。从微观角度来看，即装即用的家具也可以自己组装！如果你还需要帮助，机器人会来帮你。科学家预测，也许有一天，机器人能自行设计、组装它们自己。

更好的牙齿保持器

没有人愿意一直去找口腔科医生加固其牙齿上的保持器。一家法国公司正在研发一种自动调整保持器，你只需扫描一下自己的口腔，这款 4D 打印的牙齿保持器就会自动加固了！

有生命的墙壁

有一天，因为生物工程材料的普及，也许你住的房间会拥有一面有生命的墙。这些建筑材料可能会使用细胞、细菌等微生物。随着这些活着的材料的成长，它们可能会释放出保护或加强结构的物质，它们甚至可能长出一整栋建筑！

第四章 革命性技术

全息影像

——全息视频

在探险家学院中的应用

你可以把银色半球握在手里，当它碰到你的皮肤后会自动打开。你在探险家学院的队友的 3D 全息影像就悬浮在这个半球上！你看到他们在赢得了勒格朗先生举办的障碍赛后欢呼庆祝。有了全息视频，谁还看普通视频呢？通过看重播，你可以完善动作，为下一次障碍赛做准备。视频的画面十分细腻，甚至比亲自参与其中还要真实！

克鲁兹想念妈妈的时候，他就会看一会儿妈妈的全息视频。在视频里，克鲁兹差不多三岁，妈妈就陪在他的身边。这段全息视频对他来说十分珍贵，但直到他试着解开妈妈的第一条线索找到石片时，他才真正明白这段视频的宝贵之处。在《探险家学院》第一部《涅布拉的秘密》中，兰妮说这段视频可能与解开线索有关。当然，这个银色半球也隐藏着自己的秘密！

“全息视频”可行性评估表

PANDA 显现的一位埃及女人的 3D 全息影像

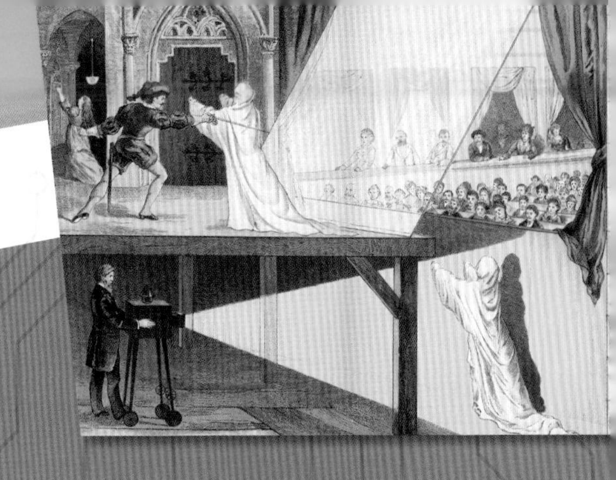

在现实生活中的应用

目前，专用的全息视频播放器还不存在。但如果有人跟你说，他们的手机可以播放全息视频，那他们说的也没错。他们可以通过手机屏幕上的“3D 全息金字塔”展现他们所谓的全息视频。这些画面虽然看起来好像漂浮在半空中，但其实还算不上是全息影像。

这其实是一种被称作“佩珀尔幻象”的伪全息影像。它是一种在舞台上和某些魔术表演中使人产生幻觉的技术。这种技术使用一面平坦的玻璃与特定的光源技术，使物体可以出现或消失，或是变形成其他物体。

今天，凭借高质量的视频投影，佩珀尔幻象看上去十分逼真。演唱会就能利用这种技术，让已故的人“登台表演”。

制作你自己的全息视频播放器

这种放在手机上的金字塔观察器可以创造一个小型的佩珀尔幻象。

1. 在成年人的监护下，小心地从透明的硬质塑料上剪下 4 个完全相同的梯形。
2. 使用胶带把 4 个小塑料片粘成一个倒金字塔。
3. 把倒金字塔放在手机屏幕的中央，宽的那面朝上。
4. 调暗光线。
5. 播放全息视频，画面就会出现在倒金字塔中。

未来的全息影像

克鲁兹的全息视频播放器在现实中可能还不存在，但全息影像现在能完成的事情可能会让你感到不可思议。

城市规划光电沙盘系统

这种全息地图最初是为了军用而开发的，它不需要观看者佩戴增强现实眼镜，就可以将整个城市呈现在其眼前。工程师也在研制一种逼真的全息影像，可以投影在战场上吓退敌军，就像克鲁兹在“洞穴”的派对上看到的“黑影”一样！

3D 全息影像显示器

透过这块屏幕，你可以在现实世界里看见 3D 全息影像或悬浮的文字（有点儿像探险家在参观历史遗迹时，透过 GPS 太阳镜看见的东西）。这项技术可以在你参观恐龙骨架时投影出一只“活”的恐龙！

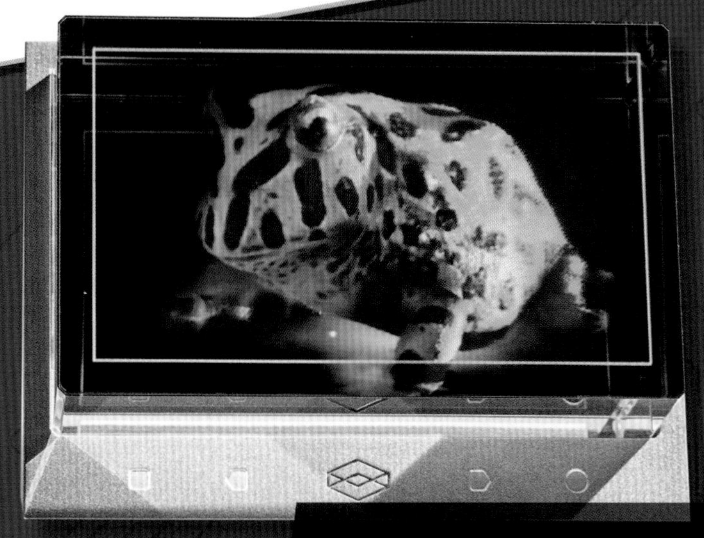

这是一款可以让使用者看见，并且能和 3D 全息影像互动的沉浸式显示器

沉浸式显示器

就像大脑会把双眼看见的不同图片组成一幅画面一样，这款沉浸式显示器使用了物体或场景等多重影像来生成 3D 全息影像。把这款显示器接到电脑上，你就能进入全息世界，看到四面八方的全息景象了，那就像在科幻电影里一样！

全息电影

因为全息电影能够存储三维影像数据，所以它可以记录大量信息！而且，如果你不小心弄坏了包含信息的全息影像，只需使用其中的一块碎片就可以恢复整个全息影像。

第四章 革命性技术

未来船只——“猎户座号”

在探险家学院中的应用

你站在111米高的船上向上望，这艘由“洞穴”模拟出的“猎户座号”虽然栩栩如生，但还是比不上真的“猎户座号”！你急忙冲到带阳台的船舱里，放下行李。你知道在“洞穴”的模拟环境中可以看见很多东西。你匆匆爬上楼梯，参观教室和实验室。在上层甲板上，你发现了一个有两层楼那么高的图书馆，馆内的天花板上覆盖着一张巨大的玻璃地图。除此之外，上层甲板上还有一块直升机停机坪。你当然希望自己也能坐直升机感受一下！

你进入到下一层的甲板，发现了一个迷你“洞穴”。等一等！这里还有一扇大门，但是OS手环打不开！这会不会是一间秘密实验室？也许是合成部？你必须好好调查一番才能确定。

克鲁兹和队友乘坐“猎户座号”前往各大洲执行任务，在此期间，他们就在船上上课。这艘船含有多种高科技，看起来很安全，但果真如此吗？克鲁兹发现并不是“猎户座号”上的每个人都很友好。即便航行在大海之中，涅布拉仍在身后穷追不舍，这意味着克鲁兹可能要动用这艘船上所有的资源来保护自己——包括那扇紧闭的神秘大门背后的东西！

邮轮“玛丽皇后二号”上的天文馆

现实生活带来的启发

美国国家地理学会有一艘叫“猎户座号”的船，也有另外一艘与探险家学院的“猎户座号”更为相似的船，那就是“美国国家地理探索者号”。这艘船每年都要在地球的两极之间穿梭，冬天在南极，夏天在北极。这艘船还安装了视频设备来观察水下生物，如虎鲸、海豹等。船上还有一支机动筏船队，专门用于让探险家接近动物和冰川，并拍摄特写照片。这艘船和探险家学院的“猎户座号”一样，配备了一位海洋专家、一位摄影指导、一位视频摄像师、一位医生和一位健康专家。

“美国国家地理探索者号”并非唯一在公海上航行的高科技船只。皇家加勒比游轮有限公司的“海洋量子号”有一块被称作“虚拟阳台”的数码屏幕，它可以实时直播海景。

“嘉年华微风号”上有一个 5D 影院，可以播放能让你身临其境的电影。在观看电影时，你会感觉椅子在晃动，有水扑面而来，甚至还有东西在挠你的脚底板。

卡纳德邮轮公司的“玛丽皇后二号”上的科技则更加实用。这艘邮轮有一家拥有 11 个床位的医院，里面还有一台 X 射线机、一间实验室和一台可以把海水变成饮用水的反渗透净水机。但这还不够，邮轮上还有一个天文馆。

“美国国家地理探索者号”

更多超级船只

航海技术日新月异。如果想让“猎户座号”更加环保，这艘船的设计者可能会想借鉴一款概念船（即仅处于构思阶段，还未付诸设计的船）——“日邮超级生态船 2050”。这艘船使用氢燃料电池和太阳能板供能，节省了化石燃料这一有限的自然资源。

日本还有另一款能减少化石能源使用的概念货船——“水瓶座生态船”。但是，这艘船采用了完全不同的方法和外观——把刚性风帆像巨型纸牌一样立起来。这种坚固的风帆可以装上太阳能电池板和风力发电装置。

货船也在更新换代。有一种可运输 1 万辆汽车的超级环保滚装船就是利用风能、太阳能和波浪能供能。其中的一些能量也会被转化成氢能，为运行船舶的燃料电池供能。

还有一种无须船长驾驶的船只——劳斯莱斯的自动驾驶船计划使用无人机护航。陆地上的操作人员会通过观察船内所有系统的全息影像发现问题，随时准备修复！

有利于海洋的发明

这些对船的改造发明可以让船只更加高效环保。

旋翼帆

“维京格雷斯号”配备的旋翼帆可以从风中获取能量，这个风帆看起来就像一个包含涡轮机的巨型柱子。

气泡层

“空气润滑”是一种在平底船下泵入一层气泡的技术。这些气泡减少了摩擦，降低了船只运行所需的能量。为了让航行更加顺畅，在船舶表面涂上降低摩擦的涂层可以进一步节省船只消耗的能量。

双螺旋桨

有些船只并非使用单螺旋桨，而是使用了一前一后两个螺旋桨。当这两个螺旋桨反向旋转时，第一个螺旋桨释放的能量就可以帮助推动第二个螺旋桨。这种系统可以让船只的效率大大提高！

第四章 革命性技术

未来农业——温室

在探险家学院中的应用

架子上的西兰花和生菜长得非常茂盛，蜿蜒的甜豆藤蔓也爬满了墙面，鲜红的西红柿、橙色的灯笼椒和饱满多汁的草莓更是随处可见。“猎户座号”上的温室几乎可以媲美陆地上的农场。你抬头看了看玻璃天花板，然后望向太阳能激光灯，心里想着哪些蔬菜会变成今天的晚餐。你深吸一口气，闻到了牛至和鼠尾草的香味，此时，你的肚子咕咕作响。真希望晚上能吃到红酱意大利面！

在《探险家学院》第三部《双螺旋》中，克鲁兹和队友希望从温室得到一些特别的东西。如果他们想得没错，温室可能正好有可以修复克鲁兹妈妈日记的东西。克鲁兹在温室湿漉漉的地板上睡了一夜，等着看计划能否成功。这个计划相当冒险，因为他可能会因在外逗留超时，违反宵禁而被罚。

“温室”可行性评估表

在现实生活中的应用

在未来，粮食供应会成为人们关注的重点。温室内粮食的产量比农田高，因此，温室成了新兴的科技热点。

位于美国科罗拉多州的某家公司就拥有世界先进的温室。这种温室里的植物生长在立体种植架上，种植面积比传统农业节省了 10 倍，而用水量却只有原来的十分之一！

美国北卡罗来纳州达勒姆的某个实验室拥有几十个微气候房间。就像“猎户座号”上的温室一样，这个实验室利用广谱光源模拟阳光，它的屋顶被氩气分隔成了两层，以保持温度均匀。在“施肥”系统中，由电脑控制的管道可以自动把水和养分送到各个花盆中。

制造一个小型温室

你需要两个透明水杯、土壤、种子（胡萝卜、香芹或罗勒种子），而且，你最好使用可回收的或用过的透明杯子。

1. 把土壤填至杯中约三分之一处，然后埋入种子。
2. 给土壤浇水。
3. 在另外一个杯子上钻 3 个小孔，然后用胶带把这个杯子粘在第一个杯子上方，做成一个“温室”。
4. 如果植物长得比“温室”还要高，你就要换一个花盆了。

在太空中种植物

有一天，人类也许能够去其他星球旅行，甚至住在外太空。因为太空旅行要花费很长时间，所以需要准备大量食物。由于冻干的食物不能永远保鲜，因此美国国家航空航天局一直在开展关于太空农业的研究。

外太空的光线、温度和重力变幻莫测，太空飞行也会导致植物出现问题，包括细胞壁变薄、根部变短、生长不良等。生物学家已经想出了解决这些问题的方法，那就是改变植物的一部分基因。

植物需要特殊的生长条件才能在太空茁壮成长。国际空间站里面有彩色 LED 灯和包含种子、特殊肥料、黏土的植物包。在国际空间站，浇水也是个问题，因为没有重力，水不会自行流下，所以需要特殊的灌溉系统解决这一问题。同时，国际空间站还需要某种装置来使空气流动，这对植物十分重要。

在国际空间站中生长的生菜

中国的研究人员曾把多种种子送上月球。这些种子被装在一种包含酵母菌和果蝇卵的容器——“生物圈”中。其中的棉花种子起初发芽了，不过，这些棉花芽又因为月球寒冷的夜晚死去了。这个“生物圈”中的其他生物也没能存活下来。

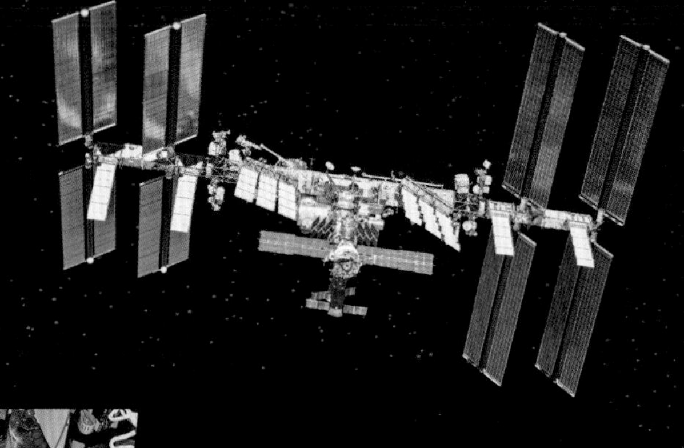

为克服太空农业遇到的种种问题，科学家决定先在地球上进行相关试验。他们选择的地点位于南极，那里是地球上与太空环境最为相似的地方。

科学家在南极的温室里已经成功种植了瑞士甜菜、球茎甘蓝、西红柿和黄瓜。这些植物能在空气中生长，它们的根部暴露在空气里，通过喷雾获得营养。不过，要想把它们拿进厨房并不容易，必须使用一种特殊容器，才不会使这些植物在运输途中被冻坏。

诺伊迈尔三号站里的某个南极温室

城市规划
——探险家学院的校园

在探险家学院中的应用

探险家学院的有趣之处在于它的许多功能都受到了目前正在进行的或已经实现的科学研究的启发。

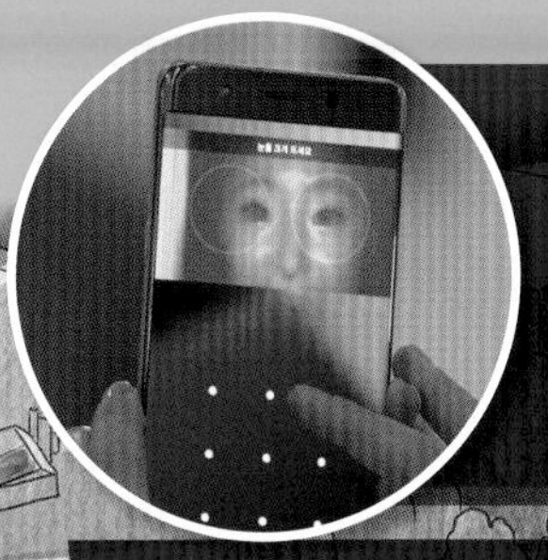

机密实验室

要想进入探险家学院最机密的实验室，你必须通过虹膜生物识别。扫描仪会识别你眼中这个独一无二的图案！如今，这种技术已经应用在手机上了。

合成部

合成部的窗户上安装的是防弹玻璃。防弹玻璃是由许多层玻璃和塑料组成的“三明治”结构。当子弹打在防弹玻璃上时，这些层状结构就会吸收子弹的能量，让子弹减速。不过，没有玻璃是绝对防弹的，子弹的冲击力只要足够大，子弹就可以击穿玻璃。（记住！千万不要把这个秘密告诉涅布拉！）

教室

每个教室前方都配备了 9 面纤薄的电脑屏幕。在美国各地的学校里，也许你能看见“交互式电子白板”——电脑图像会被投影到白板上，老师不需要在黑板上写字，只需操作电脑即可。

北极星金字塔

这座高约 1.8 米的水晶金字塔的外观与巴黎卢浮宫博物馆前、由建筑师贝聿铭设计的玻璃金属结构的金字塔的外观相似，上面刻着北极星奖得主的名字。

住宿区

克鲁兹房间的墙上显示着从珠峰大本营传回的珠穆朗玛峰的实时影像。我们现在也有墙面大小的视频显示器，而且，能拍到世界最高峰珠穆朗玛峰峰顶的网络摄像头也已问世！

图书馆

这座 5 层楼高的建筑的天花板上画着与探险家学院和真正的美国国家地理学会创建当晚一样的星空。美国国家地理学会总部的天花板就是这个样子。

未来学校

你不一定非要进入探险家学院才能上一堂科技课。科技已经在改变全世界的学校，3D 打印机、数码相机和编程实验室等在校园中随处可见。有些学校甚至不再给学生布置家庭作业，而是要求学生花更多的时间在创客实验室里搞创造发明。

而且，有些新的学校没有“围墙”。在这些学校里，学生每学期都能在不同的国家生活。这可能是成为探险家的有效方法！

让我们一起来看一看全球各地的高科技教室吧——或许它们很快也会出现在你的身边。

英国：虚拟现实教室

在一场虚拟现实旅行中，学生足不出户就可以参观世界各地的博物馆和历史遗迹。

英国七橡树中学

孟加拉国：太阳能漂浮船屋学校

当地学生可以进入这些船屋学校，利用电脑获取教材，阅览图书。

巴厘岛：使用竹子材料制成的墙面、地板、桌子和椅子

使用这种天然材料更加环保。

加纳：旋转木马充电器

孩子们在旋转木马上玩耍，也是在为电池充电。晚上，孩子们就可以使用这些电能来照明。

加拿大：无纸化学习

学生无须坐在冷冰冰的桌椅前，看着纸质笔记本，他们可以坐在弹力球上或地板上，用平板电脑学习。

新加坡：机器人助教

如果助教不是人类会怎样？一个机器人助教几乎可以回答你所有的问题，还能检查你的学习成果。

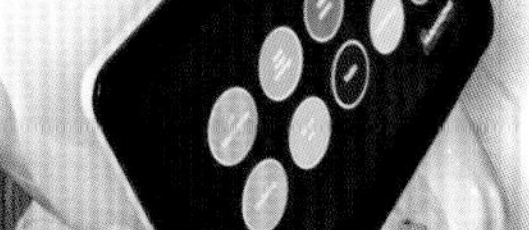

未来城市

由于探险家学院的故事发生在不远的将来，因此克鲁兹和队友一起去过的城市都充满了令人惊艳的技术。改变已经在世界各地悄然发生，我们可以想象一下这些城市未来的样子，这些变化可能很快就会出现在你所在的城市。

作为可持续发展城市的迪拜就有这样一个具有生态意识的住宅开发项目，其内部包含了很多你会在未来城市中体验到的功能。这样的未来城市不但对环境有利，而且还实现了自给自足。

更窄的马路

自动驾驶汽车不需要宽广的马路，因为它们的自动驾驶比人类驾驶更加精准。

更多绿色空间

由于马路变窄，并且路边也没有停车位，因此植物和行人有了更多的活动空间。

集中停车区域

因为可以通过应用程序约车，所以这些汽车都会停在一片专用区域，以便随叫随到。

无人机

无人机可以为你送货上门。

智能交通

有了自动驾驶汽车，你就再也不用开车了！

坐南朝北的家

面朝北方的房子将会更加凉爽，也会更加节能。

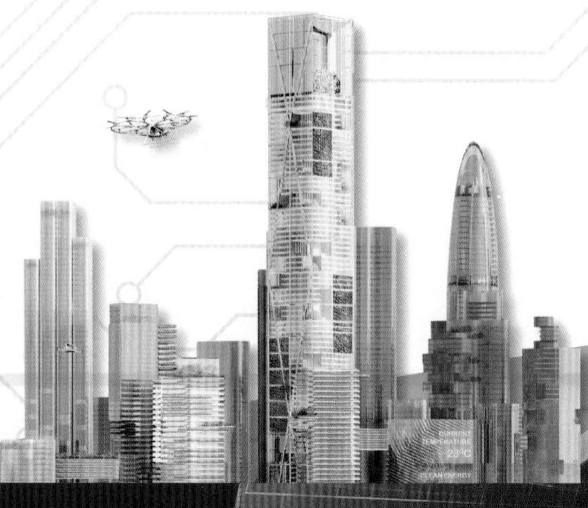

带有可持续发展理念的迪拜公寓住宅布局

太阳能电池板和风力涡轮机

这些设备可以产生有利于环境的能源。

灰水喷泉

灰水是指从洗脸盆和地漏里流出的未经处理的水，可以在装饰性喷泉中循环使用，还可以用于浇灌植物。

生物穹顶农场

这些穹顶状的温室可建在城市各处，为附近居民提供食物原料。

4D 打印房屋

在未来，4D 打印房屋或许可以实现，它们无须人力，可自动建好！

建筑物表面的紫外线反射涂料

这种涂料能够减少建筑物对紫外线的吸收。

「加油吧，探险家们！」

新加入的探险家，恭喜你完成了探险家学院的科技一览！在这里，你已经了解了探险家学院目前最先进的技术。我们希望你能受到启发，运用所掌握的知识和探险技能探索世界。

本书已接近尾声，但是科技发展永无止境。正如你现在所知，探险家学院里让人大开眼界的发明正在变成现实。每天，现实生活中的科学家都在设计、发明产品，以适应人类不断变化的需求。现在，新的科技正进入海洋的最深处，爬进最长的洞穴，探索最偏远的丛林，登上最高的山顶。所有这一切都是为了拯救物种，保护遗迹，甚至解决子孙后代将面临的重大问题。

幸好，今天的科学家并非孤军作战。

小探险家，这就是你的任务。有时，恰恰是那些最荒诞不经的想法改写了人类的历史。你会是想出那些点子的人吗？从克鲁兹和队友那里获得灵感后，就开始发挥你的想象吧！

你的那些最疯狂、最不可思议的想法可能会改变这个世界！

图片出处

All artwork by Scott Plumbe unless otherwise noted below:

ASP: Alamy Stock Photo; GI: Getty Images; NGIC: National Geographic Image Collection; SS: Shutterstock

Cover (gravity jet suit), Rich Cooper/COAP Media; (microrobot), Harvard Microrobotics Lab; 2, Harvard Microrobotics Lab; 5 (UP), The Kroger Co.; 5 (LO), Aleksandra Suzi/SS; 6, Rich Cooper/COAP Media; **Chapter 1:** 9, Sea Trek; 11 (UP), Empatica; 11 (CTR), NYMI; 11 (LO), AliveCor; 13 (UP), Andrew Lambert Photography/Science Source; 13 (LO), SolarActive International; 14 (UP LE), Shannon West/SS; 14 (LO LE), Lori Epstein/NGP; 14 (RT), Mark Thiessen/NGP; 15 (UP), Andrey Yurlov/SS; 15 (LO), LogicInk; 17 (UP), crazystocker/SS; 17 (LO), University of Toronto Scarborough; 18 (LE), Mustang Survival; 18 (RT), taviphoto/SS; 19, Warwick Mills Inc; 21 (UP), Studio Roosegaarde; 21 (LO), BioLume, Inc; 22-23 (background), Marcel/Adobe Stock; 22 (UP), Elliotte Rusty Harold/SS; 22 (CTR), petar belobrajdic/Adobe Stock; 22 (LO), Nature Picture Library/ASP; 23 (UP), Marli Wakeling/ASP; 23 (CTR), pandemin/iStockphot/GI; 23 (LO), Opman/Adobe Stock; 24, Kat Keene Hogue/NGIC; 25 (BOTH), David Gruber/NGIC; 26 (UP), ffennema/iStock/GI; 26 (LO LE), Brandon Cole Marine Photography/ASP; 27 (UP), Kraig Biocraft Laboratories, Inc; 27 (LO), North Carolina State University; 29, Augmedix; 30 (UP), MriMan/SS; 30 (LO), NGP; 31 (BOTH), Interaxon Inc; 32 (LE), Ocean Guardian; 32 (RT), NorCrossMarine; 33 (BOTH), Martina Capriotti; 34 (LO), Eric Kruszewski/NGIC; 34 (UP), Robert Clark/NGIC; 35 (BOTH), Carsten Peter/NGIC; **Chapter 2:** 37, S.Bachstroem/SS; 39 (UP), Vadim Lerner/Dreamstime; 39 (CTR, LO), JINI/Xinhua/ASP; 40 (UP LE), Emory Kristof/NGIC; 40 (UP CTR), Joseph H. Bailey/NGIC; 40 (LO LE), Hiram Bingham/NGIC; 40 (LO RT), Lori Epstein/NGIC; 41 (UP BOTH), Kenneth Garrett/NGIC; 41 (LO BOTH), O. Louis Mazzatenta/NGIC; 42 (BOTH), Sarah Parcak/NGIC; 43 (UP), Luis Marden/NGIC; 43 (CTR), GI/NGIC; 43 (LO LE), Marco Coppola; 43 (LO RT), Robert Howard Bewley/Aerial Photographic Archive for Archaeology in the Middle East; 45 (UP), SSPL/GI; 45 (LO), Emory Kristof/NGIC; 46 (UP), Rodrigo Pacheco Ruiz; 46 (CTR), Tahsin Ceylan; 46 (LO), Herbert Meyrl/GAM Project; 47 (UP), Mike Parmalee/NGIC; 47 (LO), Barry B. Brown/NGIC; 49 (BOTH), Flip Nicklin/Minden Pictures; 50 (BOTH), Mauricio Handler/NGIC; 50-51, Rich Carey/SS; 52 (UP), Alex Zotov/SS; 52 (LO), ra2 studio/SS; 53, Avalon/Photoshot License/ASP; 53 (INSET), Tom Reichner/SS; 55, Alex Mustard/Nature Picture Library; 56 (UP), Rebecca Hale/NGIC; 56 (LO), Dr. Zoltan Takacs; 57 (UP), Tacio Philip Sansonovsk/iStockphoto/GI; 57 (CTR), Paulo Oliveira/ASP; 57 (LO), George Grall/NGIC; 58 (UP), Steve Trewhella/ASP; 58 (LO LE, LO RT), www.KarpLab.net; 59 (UP LE, UP RT), Alexis Noel; 59 (CTR), pandemin/iStockphoto/GI; 59 (LO LE), AFP via GI; 59 (LO RT), PongMoji/SS; 60 (UP), Nadia Shira Cohen/The New York Times/Redux Pictures; 60 (LO), Skinfaxi/SS; 61 (UP), wildestanimal/SS; 61 (CTR), Flip Nicklin/Minden Pictures; 61 (LO), Hugh Lansdown/FLPA/Minden Pictures; 62 (UP), Apeel Sciences; 62 (CTR BOTH), Rischer, VTT; 62 (LO), MIT; 63 (UP), Rich Cooper/COAP Media; 63 (LO LE, LO RT), Lockheed Martin Missiles and Fire Control; 65 (UP), Anup Shah; 65 (CTR), BBC Motion Gallery/GI; 65 (LO ALL), BBC Motion Gallery/GI; 66 (UP), Walden Kirsch/Intel Corporation; 66 (LO LE, LO RT), RESOLVE; 67 (UP), Christophe Courteau/Nature Picture Library; 67 (LO), mr.Timmi/SS; **Chapter 3:** 71 (BOTH), Harvard Microrobotics Lab; 72 (UP), Rebecca Drobis/NGIC; 72 (LO), Harvard Microrobotics Lab; 73 (LE), Moritz Graule/Harvard Microrobotics Lab; 73 (RT), Harvard Microrobotics Lab; 74 (UP BOTH), Fluidity Technologies, Inc; 74 (LO), Emilio Jose/SS; 75 (UP LE), Dmitry Gal/SS; 75 (UP RT, CTR LE, CTR), TRNDLabs; 75 (LO), Daniel Chetron/SS; 77 (UP), kmls/SS; 77 (CTR), Roberto Lo S/SS; 77 (LO LE), Thanaphat Kingkaew/SS; 77 (LO RT), Cornel Constanti/SS; 79 (UP), NAVYA; 79 (LO), Waymo; 80 (BOTH), The Kroger Co.; 80-81 (background), Daniel Allison/Dreamstime; 81 (UP), metamorwor/SS; 81 (CTR LE), Olli by Local Motors; 81 (CTR RT), Jacek Chabr/SS; 81 (LO), Waymo; 82-83, Naeblys/ASP; 83 (UP), Boom Supersonic; 83 (CTR), PR images/ASP; 83 (LO LE), Terrafugia; 83 (LO CTR, LO RT), Q'STRAINT/Sure-Lok; 85 (UP), iStockphoto/GI; 85 (CTR), ndriPopov/ASP; 85 (LO), brownfalcon/SS; 86-87 (background), graphicINmotion/SS; 86 (UP), Who is Danny/SS; 86 (LO), golubovy/Adobe Stock; 87 (UP), Rawpixel/Adobe Stock; 87 (LO LE), kmls/SS; 87 (LO RT), newelle/SS; 89 (UP), FLIR Systems, Inc.; 89 (CTR), Stocktrek Images, Inc/ASP; 89 (LO), U.S. Army; 91 (UP), Zyabich/SS; 91 (CTR), Aleksandar Dickov/SS; 91 (LO), Iurii Motov/SS; 92 (UP), Daisy Daisy/SS; 92 (LO), Gorodenkof/SS; 93 (UP), aboikis/SS; 93 (LO), William Perugini/SS; **Chapter 4:** 95, Aleksandra Suzi/SS; 97 (UP), UfaBizPhoto/SS; 97 (LO), Rubens Alarcon/ASP; 98 (UP), Taylor Mickal/National Geographic Society; 98 (LO), Tim Schoon/University of Iowa; 100 (UP), Studiotouch/SS; 100 (CTR), Supapornkh/SS; 100 (LO), Lapina/SS; 101 (UP), jaiman taip/SS; 101 (CTR), FrameStockFoota/SS; 101 (LO), Petrushin Evgeny/SS; 103 (UP), Lynn Johnson/NGIC; 103 (LO), Skylar Tibbits; 104, Surasak_Photo/SS; 105 (UP), Nataliya Hora/SS; 105 (CTR), 1989studio/SS; 105 (LO), Yurchanka Siarhei/SS; 107 (UP), Chronicle/ASP; 107 (LO), Mark Thiessen/NGP; 108 (UP), Dr Manager/SS; 108 (LO), Courtesy of RealFiction; 109 (UP), Looking Glass Factory; 109 (LO), jamesteohart/SS; 111 (UP), Cunard; 111 (CTR), Royal Caribbean Cruise Line; 111 (LO), Sven Olaf Lindblad; 112 (UP), NYK Line, MTI, Elomatic; 112 (CTR LE), Eco Marine Power Co. Ltd; 112 (CTR RT), Wallenius Wilhelmsen; 112 (LO BOTH), Rolls-Royce; 113 (UP), Viking Line; 113 (CTR), Mitsubishi Shipbuilding Co., Ltd; 113 (LO), ABB Inc.; 115 (UP), Ammak/SS; 115 (CTR), Altius Farms; 115 (LO), Lori Epstein/NGP; 116-117, sdecoret/SS; 116 (ALL), NASA; 117 (ALL), NASA; 119 (1), Kim Hee-Chul/EPA/SS; 119 (2), Volker Steger/Science Source; 119 (3), sturti/E+/GI; 119 (4), Patrick Wang/SS; 119 (5), Daniel Prudek/SS; 119 (6), T Lanza/NGIC; 120 (UP), Sevenoaks School; 120 (LO), Mohammed Rezwan/Shidhulai Swanirvar Sangstha; 121 (UP LE), Empower Playgrounds Inc.; 121 (UP RT), Putu Sayoga/GI; 121 (CTR), George Frey/Bloomberg via GI; 121 (LO), allOver images/ASP; 122-123, Jason Treat/NGM staff/Skidmore, Owings & Merrill/NGIC; throughout (blue metallic background), Phordi Hinth/SS; (circuit board background), Elena11/SS; (orange hyperspace speed background), Varunyuuu/SS; (silver metallic background), Shubin Vitali/SS; (topo map background), DamienGeso/SS; (abstract tech background), Digital_Art/SS;(meter gauge), Elegant Solution/SS

EXPLORER ACADEMY

欢迎加入探险家学院！

《探险家学院》系列图书共七部，全球探险、遭遇危机和破译密码的过程极其精彩，具有超强吸引力。欢迎你加入这场惊心动魄的冒险！

阅读更多有趣的配套辅助书，密码破译、逻辑谜题、性格测试等多种游戏等你来挑战！

请家长扫码，
了解更多图书
详情。

自 1888 年起，美国国家地理学会在全球范围内资助超过 13, 000 项科学研究、环境保护与探索计划。本书所获收益的一部分将用于支持学会的重要工作。

山东省版权局著作权合同登记号 图字：15-2001-121 号

图书在版编目（CIP）数据

未来科技 / 美国国家地理学会编著；(美) 杰米·基弗尔 - 阿尔彻编著；曲少羽，张晗译. — 青岛：青岛出版社，2021.7

ISBN 978-7-5552-9781-9

Ⅰ. ①未… Ⅱ. ①美… ②杰… ③曲… ④张… Ⅲ. ①科学技术－儿童读物 Ⅳ. ① N49-49

中国版本图书馆 CIP 数据核字(2021)第 086107 号

WEILAI KEJI

书　　名　未来科技
丛 书 名　探险家学院
编　　著　美国国家地理学会
　　　　　[美] 杰米·基弗尔 - 阿尔彻
译　　者　曲少羽　张　晗
出版发行　青岛出版社
社　　址　青岛市崂山区海尔路 182 号（266061）
总 策 划　连建军
责任编辑　吕　洁　邓　荃　江　冲
文字编辑　窦　畅　王　琰
美术编辑　孙恩加
邮购地址　青岛市崂山区海尔路 182 号出版大厦
　　　　　少儿期刊分社邮购部（266061）
邮购电话　0532-68068719
制　　版　青岛新华出版照排有限公司
印　　刷　青岛海蓝印刷有限责任公司
出版日期　2021年7月第1版
　　　　　2024年5月第3次印刷
开　　本　16开（787mm × 1092mm）
印　　张　8
字　　数　100千
图　　数　400幅
书　　号　ISBN 978-7-5552-9781-9
定　　价　35.00元

编校印装质量、盗版监督服务电话：4006532017　0532-68068050
印刷厂服务电话：0532-88786655
本书建议陈列类别：少儿文学